博士级世界记忆大师的超强记忆法,

马上让你成长为学霸!

超强记忆

大脑训练秘籍 让你轻松当学霸

SUPER MEMORY

A+

梁宇明 著

中国纺织出版社有限公司

内 容 提 要

如果你经常记不好、容易忘，或者你家孩子不爱记东西，学习效率不高，那么你们可能缺乏记忆方法。记忆是一切学习的基础。提升记忆力有很多行之有效的方法，任何人只要掌握这些方法，就可以记忆力爆棚，成为别人眼中的记忆高手、天才学霸！

本书由世界记忆大师梁宇明博士根据20年的一线实战经验，花费2年时间反复打磨而成。本书用平实易懂的语言，提炼了超强记忆的四大快速入门体验、五大核心能力、八大核心方法以及数十种应用技巧，并融入了大量中文字词句段篇、政史地、理化生及英语单词实战内容。再普通的人都能套用本书总结的方法获得令人震撼的超强记忆力，轻松实现过目不忘的梦想！

图书在版编目（CIP）数据

超强记忆：大脑训练秘籍让你轻松当学霸 / 梁宇明著.--北京：中国纺织出版社有限公司，2023.9
ISBN 978-7-5229-0720-8

Ⅰ.①超⋯ Ⅱ.①梁⋯ Ⅲ.①记忆术—通俗读物 Ⅳ.①B842.3-49

中国国家版本馆CIP数据核字（2023）第122178号

责任编辑：郝珊珊　　责任校对：高 涵　　责任印制：储志伟

中国纺织出版社有限公司出版发行
地址：北京市朝阳区百子湾东里A407号楼　邮政编码：100124
销售电话：010—67004422　传真：010—87155801
http://www.c-textilep.com
中国纺织出版社天猫旗舰店
官方微博 http://weibo.com/2119887771
鸿博睿特（天津）印刷科技有限公司印刷　各地新华书店经销
2023年9月第1版第1次印刷
开本：710×1000　1/16　印张：14
字数：214千字　定价：68.00元

凡购本书，如有缺页、倒页、脱页，由本社图书营销中心调换

赞誉与推荐

梁宇明从小痴迷于大脑思维和科学学习方法的探索研究，是华中科技大学的优秀学生代表。他在华中科技大学能源与动力工程学院就读期间，担任过学院团委副书记，参加过"西部计划"并保送硕博连读研究生。他研究生期间是热能利用新技术研究所的一名卓有成效的研究生总管，不仅负责了国家"973"子课题"湖北省能源活动温室气体清单编制"项目的策划、落地执行和团队管理工作，还创办了华中科技大学记忆协会，其后由此创业成为业内名师。他的人生经历让他对超强记忆体系的构建有很深的造诣。本书将超强记忆体系在学习、研究及工作实战中的应用一线打通，并且适用面广，可以帮助满怀希望的读者做更好的自己！

——华中科技大学教授、博导、2004年国家技术发明奖获得者　靳世平

我在华中科技大学附属中学工作期间，曾目睹了许多初中生和高中生，在梁宇明博士短短几天的超强记忆法指导下，学习能力迅速提高，学习成绩快速提升，快乐高效学习成为常态……出于好奇，我浏览过他的授课讲义，观摩过他的课堂教学，跟踪过他的部分学生高考后的发展状况，发现他所传授的理论、方法和技巧之所以高效神奇，本质上就是有机融合了全脑思维、全人教育和全面发展，符合人的生理、心理和思维认知发展规律，以及人的创新创造能力培养规律。但取得实效也需要受教者配合做好两件事：一是理论武装要精确，二是联系实际要到位。今天终于看到了梁博士的内容更丰富、理论更翔实、方法更完善的记忆之书，万分欢喜！期盼大著早日面世，造福于莘莘学子与广大家长，为新时代实现中国梦贡献力量。

——华中科技大学附属中学党委书记　张宏

梁宇明是母校桂林十八中的优秀校友。他在母校读书时就在研究超强记忆的方法，并在多年之后在校友的期盼中把这种方法带回了母校，让更多人获益。这么多年的实践经验凝聚在这本书中，值得细细品读。书中对记忆的基本原理到具体操作都做了详细介绍，是一部可以实操提升记忆效率与学习效率的好作品！

——桂林十八中校友会总会长、浙江大学校友会分会长　赵云

不管是孩子还是成人都值得拥有一本有关记忆方法的书籍。本书的内容大道至简、循序渐进、丰富全面，只要你按照梁博士的步骤就完全可以掌握这一门实用技能。

——高校教师、武汉大学记忆协会终身荣誉会长、
湖北省教师教育学会脑科学及学习科学专业委员会创始人　刘大炜

我与世界记忆大师梁宇明老师相识十多年，他在记忆法方面有独到的见解，如今他把这些智慧结晶倾囊相授。只要你学以致用，刻意练习，你也可以成为记忆高手。为大脑赋能，让生命绽放！

——世界记忆总冠军教练、大脑天赋潜能激活师、作家　袁文魁

梁宇明老师是记忆法领域的先驱和探索者，带动众多记忆法爱好者在学习和竞赛领域取得辉煌成绩。他在书中系统全面地展示了记忆法的原理和在各领域的运用技巧，相信对读者的学习、生活和工作都会有很大启发。

——《最强大脑》2016年中国战队队长、世界记忆大师、作家　李威

此书凝聚了作者多年的教学经验和智慧，因此本书中关于记忆方面的知识和内容极其详尽，由浅入深，通俗易懂，不仅涵盖了学科、生活，对学习也有着巨大的帮助，还能帮助增强读者的专注力、想象力和联想力等，是一本能帮你快速找到上乘记忆通道的实用性书籍。

——世界记忆锦标赛全球总裁判长、
中国中央电视台《挑战不可能》特邀嘉宾、世界记忆大师　何磊

我认识很多记忆大师，也认识很多博士，还认识很多作家。但能集三者于一身的，唯有梁宇明博士一人。其多重身份决定了这部作品有专业、有深度、有内涵、有温度、有品位。

——拥有二十多本著作的脑力系列丛书作家　石伟华

梁宇明的这本记忆书分享了多种实用的记忆方法，提供了许多有图又有趣的

记忆案例，适合想要有效提升记忆力的伙伴学习。只要跟着本书好好练习，相信每个人都能轻松提升自己的记忆效率、学习效率！

——中国中央电视台《走近科学》栏目采访专家、

大脑教育专家、作家　张海洋

梁博士将自己多年来累积的记忆技巧和经验都整理到了这本书里，不仅让我们了解了记忆的原理，还让我们学会了许多实用的技巧和锻炼方法。这本书深入浅出，易于理解，不仅能够培养读者的记忆力，也能够提高学习的效率。如果你想要在学习中或工作中提高自己的记忆力，那么这本书一定会是你的好帮手。作为认识多年的朋友，我很荣幸能够推荐这本好书。

——《最强大脑》第二季选手、中国记忆总冠军、世界记忆冠军教练　郑爱强

和梁博士认识了很多年，今年得知他要出版新书，很是替他开心。梁博士用夸张而不失逻辑的表达方式去诠释如何运用好方法轻松记忆知识，相信会给想要通过记忆法提升自己的学生带来很大的帮助。

——《最强大脑》第二季人气选手、世界记忆大师　卢菲菲

恭喜梁博士的书籍出版，为大家带来好的学习和记忆方法。特别是五大核心能力的练习，为我们打开了新的一扇门，进门之后的核心记忆方法，将会使我们大脑的记忆力更上一层楼。

——《最强大脑》第一季选手、世界记忆大师、作家　胡小玲

在信息爆炸的今天，记忆能力限制着很多人成为梦想版本的自己，所以，提升记忆能力、升级大脑迫在眉睫。先学会学习的能力，再将其运用到各类考试或是快速习得技能上，跟着梁博士的节奏，你将收获一个"最强大脑"，有信心挑战"不可能"。赶紧读起来吧！

——《高效记忆力训练手册》作者、世界记忆大师、

武汉大学教育硕士、11年资深脑力培训讲师　高隽

这是一本优秀的著作，所有想提升记忆能力的朋友都可以通过梁宇明博士在书中所讲的方法，改善自己的记忆能力。

——《最强大脑》第三季选手、中国记忆冠军、世界记忆大师　李俊成

这本书让我很不满。因为有人走在我的前面，因为有人真的想通过一本书完整地教会你如何打造超级记忆力。记忆方法易学难精，想要达到精通，需要一位精通此道的引路人带你前行。梁博士在记忆领域的研究，早已为你我打通此道。

向有结果的人学习是我信奉的人生信条。我有幸曾经在职业的发展期向梁博士学习。在他的影响下，我拨开乌云，打开了职业的新天地。

如果有人告诉你，有人在记忆行业，仅靠着自己深厚的教学功底，就帮助企业业绩翻倍，培养了诸多行业优秀老师，编辑的书本成为学校的教科书，教授的学员遍布全国各地各个行业……当他把自己的心得毫无保留地分享出来，你会给这本书定价多少？

在我看来，这是所有学习记忆方法的朋友入门必备的一本书。只要你读过这本书，你就会在记忆方法的学习应用上领先绝大多数人。纸上得来终觉浅，希望你我都不要辜负这本书的价值，不要辜负梁博士的心血。

所有在脑力行业的浪潮中想要乘风破浪的从业者们，加油！

——世界特级记忆大师、28届世界脑力锦标赛形象大使　倪生贵

本书是梁博士十几年一线记忆教学经验的结晶，全书对记忆方法的理解和运用进行了系统性的讲解，通过一个个生动有趣的案例，帮助我们快速掌握记忆法的核心，内容覆盖了生活和学习中需要记忆的文字、数字、英语词汇等题材。如果你也常常面临"记不住，记不牢，记得多，记得慢"的窘境，相信本书会是你必备的良方！

——2022年世界思维导图锦标赛全场十佳选手、2023年世界快速阅读锦标赛全场十佳选手、世界记忆大师　赖东平

序

亲爱的读者朋友，当你打开这本书的时候，请你思考一个问题，为什么江苏卫视《最强大脑》这档节目上面的那些记忆选手能够瞬间记住大量不可思议的内容？难道他们天生与众不同吗？难道他们注定记忆非凡吗？难道他们一定就比我们厉害吗？

其实不是的，我要向你揭示一个秘密，这个秘密只有少数人知道，那就是所有的记忆高手都是后天训练出来的。

"是吗？真的吗？如此厉害的记忆高手居然是后天训练出来的！"也许你自己也会想，"我是否也有机会成为这么厉害的记忆高手，我是否也能拥有超强的记忆力？"

在我回答这个问题之前，请你思考一下，为什么你想拥有超强的记忆力？

你是不是曾经因为死记硬背、怎么都记不住而痛苦万分？

你是不是经常单词记不牢，字词总混淆，古诗记得少，古文默不了，课文总忘掉，知识无处找？

你是不是总是记了忘，忘了记，记了忘……丧失了学习的自信？

你是不是也想考一个好的分数，上一所好的学校，但是到头来却发现要点记不住，考试总是考不好？

你是不是也不想比别人差，也想自己能够出人头地，想在成长的舞台上绽放光芒？

只要你想改变，并且迫切地想改变，这本书就能让你在短时间内爆发出惊人的力量，让你拥有源源不断的动力，实现真正想要的改变！

这本书凝聚着我从2005年第一次公开教学到现在这么多年积累的经验和智慧。只要愿意改变，迈出第一步，跟着这本书的思路和方法进行学习，你就能在大脑里创造一片新的天地，学习到无数"最强大脑"们使用的方法，然后成倍提高记忆能力。

这么多年来，我见证过无数学员用这些方法为自己带来巨大改变。他们之中有资质平平却练就超强记忆的，有出身平凡却训练成为世界记忆大师的，还有原本默默无闻却通过这些方法登上《最强大脑》节目闻名于世的。

你知道吗？如果真要找一种可以助人实现魔术般改变的方法，这种超强记忆法可以排到第一名。任何智商正常并且愿意学习的人，用对方法和训练流程都可以成为记忆高手。这种特殊的超强记忆力，一旦训练出来，会为你带来惊人的能量，可以帮助你创造以前想都不敢想的记忆奇迹！想象一下，如果你自己也能拥有这种特殊的记忆能力，那该是一件多么美妙的事情啊！最神奇的是，这套训练体系非常简单、高效且实用，可以让人快速掌握。

你可以想象一下，仅仅是通过一个星期不到的标准训练流程，大部分学员就能掌握科学高效的记忆方法，这是多么值得推广的一件事情啊！经过训练的学员不仅知道记忆的原理和常用的记忆方法，还可以快速掌握本书提到的联想法、画图法、超级锁链法、超级定位法、记忆宫殿、超级压缩等高级别的记忆方法。他们的想象力、联想力、观察力和记忆力得到数倍甚至数十倍的提高！很多学员可以做到2分钟记20~40个随机词语，5分钟记40~200个随机数字，半分钟记一首古诗，1分钟记100字文段！很多学员甚至可以去挑战世界脑力锦标赛，在赛场严格的考核中取得1分钟内记住一副打乱的扑克牌、5分钟记住200多个数字、1小时记忆超过1000位数字等令人震惊的成绩！

更重要的是，不是只有别人才能做到，而是我们自己也有机会做到。这套方法体系不是让我们作为观众，观看别人的成长奇迹，而是我们自己进入其中，成为主角，创造属于自己的奇迹！

你想让自己成为记忆奇迹的主角吗？

跟随我走入精彩的记忆世界吧！保持空杯心态，抱着一颗一定要成长的心，相信自己也能做到！

这本书的使用方法非常简单，你可以先看目录了解一下本书的架构，然后按照目录顺序去阅读，也可以选择自己喜欢或需要的章节直接阅读。

如果按顺序阅读，你将从体验课程进入基础能力训练，然后是基础方法的练习，再到中文实战、英文实战，从而由浅入深打牢基础，更利于后期拔高训练。

如果是挑选章节阅读，你可以迅速切入你需要的实战领域，针对性比较强，直截了当，拿来就用。但是当你感觉基础能力跟不上的时候，需要跳回前面相应的基础板块去阅读。

　　大家不用担心自己是新手，担心自己读不懂，会碰到很多问题。我在写书的时候已经考虑过这个问题了。我会以非常简单易懂的方式进行创作，尽可能让文字易于理解，意思比较简单，操作比较容易。

　　也许你的改变就从翻开下一页开始！你下定决心要改变了吗？要变得更强大了吗？

　　那我们开始吧！

2023 年 4 月 13 日

目录

第一章
超强记忆体验
♦
pages
001—026

一、体验1：瞬间提高记忆力的词语记忆法 002

1. 超级锁链法　002
2. 超级锁链法进阶训练　005
3. 超级锁链法实战应用举例　008

二、体验2：快乐高效的英语单词记忆 009

1. 单词记忆的基础理念　009
2. 好玩的单词记忆新方法　010
3. 批量记单词体验　011

三、体验3：成为数字记忆高手 014

1. 数字记忆的日常及学习应用　014
2. 圆周率记忆挑战　015

四、体验4：瞬间解决各科目记忆难题 017

1. 姓名、名称记忆　017
2. 传统文化记忆　018
3. 地理、历史记忆　019
4. 化学记忆　021

五、如何使用本书帮你马上拥有超强记忆 022

1. 兴趣是最好的老师　022
2. 学会举一反三　023
3. 马上行动，大量实践　023
4. 训练是必不可少的　024
5. 要有探索未知和解决问题的精神　024

第二章 你也能拥有超强记忆

pages 027—030

一、认识自己，你比自己以为的更优秀	028
二、冰山奇迹——你的潜力超乎想象	029

第三章 带你走进超强记忆

pages 031—050

一、战胜遗忘就是赢得记忆	032
1. 了解记忆的两大天敌	032
2. 影响遗忘的五种因素	032
3. 善用遗忘规律曲线抓好复习时间点	036
二、记忆，就这么简单	038
1. 了解记忆才能改善记忆	038
2. 不一样的分类，不一样的记忆	039
三、超强记忆的四大标准	041
1. 记得快——神奇的秒表效应	042
2. 记得多——科学的方法助力	043
3. 记得准——系统的考核强化	045
4. 记得牢——有效的复习巩固	046

第四章 超强记忆的五大核心能力

pages 051—074

一、超强专注力	052
1. 专注才能带来好记忆	052
2. 提升专注力的五种训练方法	052
3. 极致专注——心流	057

二、超强想象力　058

1. 想象力让记忆变简单　058
2. 提升想象力　059
3. 形象词语想象法让文字充满图像感　061
4. 极致想象——大脑虚拟现实　062

三、超强联想力　063

1. 联想力拓展无限思维　064
2. 联想的感情色彩　066
3. 极致联想——万物互联　066

四、超强绘画力　067

1. 绘画力为什么重要　067
2. 如何提升绘画力　067
3. 极致绘画——记忆大师画法　068

五、超强简化力　069

1. 简化力为什么重要　069
2. 如何提升简化力　070

第五章
超强记忆的八大核心方法
pages 075—138

一、形象记忆法　076

1. 形象让记忆更生动　076
2. 抽象转形象法让知识皆具形象　078

二、配对联想法　082

1. 配对联想维系记忆纽带　082
2. 配对联想让知识关联起来　086

三、画图法　　　088

1. 画图法让思维可视化　　088
2. 三重准备熟练运用画图法　　089
3. 步步为营，画图法实战分解　　092

四、故事情景法　　　097

1. 导演你的记忆——故事情景法　　097
2. 如何打造记忆的故事情景　　097
3. 步步惊心，故事情景法实战分解　　099

五、超级锁链法　　　102

1. 打造记忆的超级锁链　　102
2. 超级锁链法的五大要点　　102
3. 步步紧扣，超级锁链法实战分解　　104

六、超级定位法　　　113

1. 超级定位的八大常用体系　　113
2. 步步到位，超级定位法实战分解　　114
3. 超级定位法记忆大量材料　　119

七、记忆宫殿法　　　122

1. 量身打造你自己的记忆宫殿　　122
2. 寻找记忆宫殿的要点　　125
3. 记忆宫殿实战分解　　126

八、压缩饼干法　　　128

1. 一字千金，提字压缩法　　128
2. 词词达意，关键词压缩法　　131
3. 提纲挈领，归纳压缩法　　133

九、方法叠加，优势互补　　135

第六章
中文领域的超强记忆法
pages **139—166**

　　一、语文领域记忆法　　140
　　　　1. 破解字音字形记忆系统　　140
　　　　2. 词语的记忆与辨析　　141
　　　　3. 北斗七星古诗记忆法　　142
　　　　4. 突破古文记忆难题　　145
　　　　5. 课文的关键图像记忆法　　152
　　　　6. 文学常识的灵活记忆法　　154

　　二、政史地、物化生记忆法　　156
　　　　1. 崇尚道德法治，政治记忆法　　157
　　　　2. 记住那些过往，历史记忆法　　159
　　　　3. 热爱大好河山，地理记忆法　　160
　　　　4. 明晰事物原理，物理记忆法　　161
　　　　5. 洞悉现象本质，化学记忆法　　163
　　　　6. 爱护芸芸众生，生物记忆法　　165

第七章
英文领域的超强记忆法
pages **167—188**

　　一、强化你原本会的单词　　168
　　　　1. 单词记忆的基本思路　　168
　　　　2. 读写法也可以升级强化　　168

　　二、英语单词记忆的新方法　　169
　　　　1. 换个思路单词更好记　　169
　　　　2. 新方法需要的三种基础能力　　170
　　　　3. 单词记忆的"切西瓜"策略　　170
　　　　4. "切西瓜"单词记忆法详解　　170
　　　　5. 熟练运用"切西瓜"单词记忆法　　173

6. 单词编码——记忆高手的撒手锏　　175

三、专业的词根词缀法　　179

四、万物互联想象法极速扩展词库　　180

五、单词考试辨析技巧　　185

六、单词综合巩固技巧　　186

1. 一巴掌复习法　　186
2. 盖词默写法　　186
3. 多环境复习法　　187
4. "七个一"捡钱复习法　　187

七、大规模单词速刷技巧　　187

第八章 数字的超强记忆法
pages 189—200

一、这样记数字才有效　　190

二、世界记忆大师数字密码法　　191

三、数字密码表　　192

四、数字记忆的超强方法　　196

1. 超级锁链串记数字　　196
2. 身体定位巧记数字　　197
3. 记忆宫殿狂记数字　　197

编外篇：说说我的故事　　201

后记　　205

第一章

超强记忆
体验

CHAPTER 1

最好的未来就发生在今天，就在此时此刻！

我们只能拥有今天，拥有每一个当下。过往的已经成为记忆，未来的要靠此刻去激发。

如果你对过去不满，如果你对未来还有期望，此时此刻就是改变的机会。

你想要对过去做出的改变，你想要创造的未来，都在此时此刻，都在你的手中。

把握住来到你身边的每一个机缘，也许就为你开启了新的篇章，成就你最自豪的自己。

一、体验1：瞬间提高记忆力的词语记忆法

> 合抱之木，生于毫末；
> 九层之台，起于垒土；
> 千里之行，始于足下。
> ——《道德经》

在这个体验环节，你将对词语有更深入的认识，同时，也会具备超强的词语记忆能力。掌握这种词语记忆能力之后，你不仅能快速记忆少数几个词语，几十个甚至几百个词语也不在话下。词语记忆能力提升之后，古诗词、文章等各种文字知识点，也能高效记忆。

1. 超级锁链法

超级锁链法非常简单，适用于一次记忆大量无规律的词语。你可以想象

第一章
超强记忆体验

每一个词语都是锁链的一个环,一环扣一环就可以得到一条锁链。

所谓的环,就是由词语想象出的一个图像。一环扣一环,就是上一个图像对下一个图像产生一个动作联结或者是关系联结。

例:武器、蜗牛

第一步,由词语想象图像。

想象出这两个词的图像,因为这样会增强词语在大脑里的印象。

武器,想象出图像。

当然,你也可以想象其他的武器,比如刀、剑、枪、飞机、大炮都可以。

蜗牛,想象出图像,例如下图:

第二步,联结词语。

比如可以用武器对蜗牛发出一个强烈的动作:武器打碎了蜗牛的壳。

当然,为了使印象更加深刻,能够做到记忆一遍就终生难忘,最好再加上强烈的感觉。比如想象武器打碎蜗牛壳之后,壳四处飞的样子。想象越夸张,越不可思议,就越好记。

下面尝试记多个词语。

例:武器、蜗牛、铁塔、白虎、闹钟、婴儿、零食、篱笆想象与联结的过程如下：

武器打碎了蜗牛壳。

蜗牛爬上了铁塔。

铁塔上跳下来一只白虎。

白虎拍响一个闹钟。

闹钟吵醒了婴儿。

婴儿要吃零食。

零食却被扔进了篱笆里。

你只需要两个两个联结,就可以记住以上所有词语。

2. 超级锁链法进阶训练

当你掌握了基本功之后,不断串联使用,就能增加记忆词语的数量,提高记忆的容量。

例:2分钟内正背、倒背下列词语。

钥匙、鹦鹉、球儿、锣鼓、珊瑚、八爪鱼、气球、扇儿、妇女、石榴、河流、石山、妇女、扇儿、气球、武林、恶霸、巴士、衣架、鸡翼。

同样可以使用超级锁链法,只是词语变多了而已。

你可以尝试一下自己去想这个案例怎么用超级锁链法记忆。当然,如果不想自己尝试或者能力还不够,就参考我的记忆方法吧。

在记忆过程中,你只需要注意两个词联结在一起时的那个动作和动作发生之后的感觉就可以了。

举例:钥匙戳到鹦鹉。脑补一串巨大的钥匙戳到鹦鹉,你感觉到钥匙与鹦鹉羽毛碰撞到一起发出奇怪的声音。

虽然我在用文字表述的时候需要一长串的描述,但这种感觉是一瞬间发生的。你要将自己放到情景中,仿佛一切就发生在眼前,那些动作所引发的感觉你也感同身受。

下面我们依次记忆。

钥匙戳到鹦鹉	鹦鹉抓住球儿	球儿砸到了锣鼓	锣鼓压住了珊瑚
珊瑚里钻出八爪鱼	八爪鱼吹气球	气球绑住扇儿	扇儿扇妇女
妇女吃石榴	石榴掉进河流里	河流冲刷石山	石山压倒妇女

第一章
超强记忆体验

续表

妇女打开扇儿	扇儿扇飞气球	气球飞进了武林	武林里跑出恶霸
恶霸砸了巴士	巴士载满了衣架	衣架上挂着鸡翼	

当你熟练之后,脑海中呈现的其实就是这样一条锁链。

记下这些图像之后,你会惊奇地发现,自己居然可以从第一个词顺利回忆到最后一个词,也可以从最后一个词顺利回忆到第一个词。

这就是传说中的过目不忘、倒背如流吗?

先别着急惊讶,其实只要你能记住上面的词语,你就能马上记住圆周率小数点后40位。不信的话我们来看:

3.14 15 92 65 35 89 79 32 38 46 26 43 38 32 79 50 28 84 19 71

数字与图像的对应关系为:14钥匙、15鹦鹉、92球儿、65锣鼓、35珊瑚、89八爪鱼、79气球、32扇儿、38妇女、46石榴、26河流、43石山、38妇女、32扇儿、79气球、50武林、28恶霸、84巴士、19衣架、71鸡翼。

很神奇吧?

你自己用点时间，将圆周率小数点后的40位默写下来吧。

3. 超级锁链法实战应用举例

你现在只是体验一下，还没有进入正式学习。当你进入正式学习，掌握这种方法的秘诀并做多组训练后，就会拥有这种超强记忆能力——随意的几十个词语都能在2~5分钟内记完，甚至更快。持续跟随我训练，你今后记词语、句子、古诗文、政史地、理化生等各种文理知识点都会越来越厉害。

例：地理知识点记忆。

大气的热力过程包括：太阳辐射、地面增温、地面辐射、大气增温、大气（逆）辐射、大气保温。

方法：把对应的图像想象出来，然后把图像一个一个关联起来。

具体过程：

太阳辐射，想象一个大大的太阳在不断向外辐射热量。

地面增温，想象太阳辐射让地面着火了。

地面辐射，想象地面的火向外辐射热量。

大气增温，想象地面的辐射让大气着火了。

大气（逆）辐射，想象大气的火在发出（逆）辐射。

大气保温，想象把大气（逆）辐射装进了保温杯，就实现了大气保温。

图像参考：

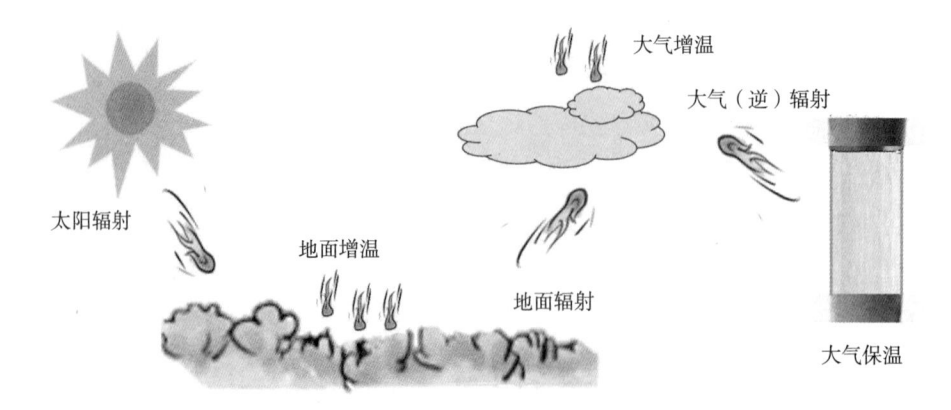

考试环节：请问大气的热力过程具体包含哪几个？

这仅仅是开篇体验，更多的学习内容在后面的章节中等你去发掘。这是我多年的记忆研究宝藏，现在交到你手中了，希望你满载而归。

二、体验2：快乐高效的英语单词记忆

> 凡战者，以正合，以奇胜。
> 故善出奇者，无穷如天地，不竭如江海。
> ——《孙子兵法》

1. 单词记忆的基础理念

在这里我们先体验一下英语学习当中最枯燥的一项内容——单词记忆，看看用了不同的单词记忆方法之后，单词记忆有没有变得快乐一点。

在这里先说明一下，本书的方法并不是唯一有效的方法。很多同学有着自己的英语单词记忆方法。记住，不管白猫黑猫，抓住老鼠就是好猫。凡是对你自己有效的方法都是好方法。本书仅是给大家提供更多思路，让单词记忆更快乐，让你不再讨厌记单词。

强调一下，任何学习都要抓住一个兵法原则：以正合，以奇胜。

以正合，就是抓住学习的基本规律，用基本步骤去学习，扎扎实实地学习。比如要有学习的目标、计划，要扎实地付出时间去预习、学习、复习和练习。

以奇胜，就是用各种各样的方法让学习变得更高效、简单，让我们产生学习的兴趣，提升学习的效率。

英语单词想要记得好，也要先做到以正合，就是要抓住"四个会"——会读、会写、会记、会用。

会读就是要读准。读得最准的方法叫音标法，就是根据音标去拼读单词；

其次是跟读法，跟着正确的读音去发音；再次是自然拼读法，根据单词的组合规律去发音。

会写，就是要把单词的字母组合写正确，要在纸上写几遍，确保每个字母和字母排序都是正确的。

会记，就是要在大脑当中反应出中文意思以及对应的英文写法。

会用，就是要把这个单词迅速应用到自己的日常生活中。最好的方法不是看别人的例句，自己用这个单词造一个简单句子。比如学习"cat 猫"这个单词，你自己写一个简单例句："I have a cat."如果纯英文例句造不出，甚至可以中英混搭，例如："我有一只 cat。"

好，上面的这"四个会"你认同吗？如果你认同，才能更好地理解为什么我们要用后面的方法来记单词。

单词记忆的"以奇胜"，就是用一些奇特的处理方法，让单词变得简单又好玩。

我不会一开始就灌输给你一些非常奇特的方法，而不讲清楚为什么要使用这些方法。直接用一些很奇特的方法会让很多人困惑："记单词怎么能这样去记？为什么把单词拆解得这么奇怪？"在没有说明清楚为什么这样操作的前提下，新方法很容易跟自己的认知产生冲突，从而令人产生抗拒。这样一来，方法的效果也要打些折扣了。

2. 好玩的单词记忆新方法

今天我们就来体验一些好玩的方法。

例：tenant /ˈtenənt/ n. 房客

当你看到"tenant 房客"这个单词的时候，第一反应是要怎么去记？

有些同学不假思索就开始死记硬背、拼读抄写。有一些同学则很聪明，他们说："老师，ten 是十，ant 是蚂蚁。"我就问他们："十、蚂蚁和房客怎么联系到一起？"他们说："哦，十只蚂蚁去做了房客！"还有些人说："十只蚂蚁抬走了房客！"

是不是瞬间记住了这个单词？房客这个单词怎么写的？

tenant 对不对？

"ten 十"和"ant 蚂蚁"都是我们熟悉的单词。在这个基础上，想象出"十只蚂蚁做房客"的画面，这个单词就牢牢印在大脑里面了。

有人说，老师，这样记单词会不会太夸张了？

记住，夸张会让我们的大脑觉得新奇好玩，大脑就会愿意接受你给它的信息。夸张的想象可以让单词以一种奇妙的状态固定在我们的大脑中。

很多人担心："老师，这样'胡思乱想'会不会把脑子搞坏？"

其实不会。为什么呢？你试想一下，你有没有看过科幻片，里面有很多超越现实的内容，有没有把我们的脑子搞坏？没有，对吧？我们小时候还看过各种脑洞大开的动画片，例如《猫和老鼠》，但也没有把脑子搞坏，是吧？

所以，不要害怕思维世界里面的情节夸张和不符合事实，你的大脑会自动分辨什么是符合逻辑的真实存在，什么是夸张、奇特、不合逻辑的虚构画面。

例：assassinate /əˈsæsɪneɪt/ v. 暗杀

哇，11个字母！很多人看到字母多就觉得难记。

不要急，我们分析一下。这个单词可以分解成：ass 驴、ass 驴、in 在里面、ate 吃的过去式。

你可以想象，两头驴在（棚）里面吃东西的时候被暗杀了。

闭上眼睛默写一下。是不是一下子就把单词全记住了？

所以，为什么我们要用切分的方法记单词呢？

原因很简单，一个单词有十几个字母，很难记，但是如果切出的部分你已经熟悉，需要记忆的内容就减少了。模块（被切出的一小块）数量减少到七个以内就好记了，如果减少到两三个就更加好记了。

本书中还记载了更多的记单词方法，等待你来寻宝。

3. 批量记单词体验

批量记单词的其中一种方法，就是由一个熟悉单词拓展出多个音形义相关单词。

例：你学了一个单词"sun 太阳"，然后你可以联想到"Sunday 星期天"，于是想到在星期天早上你看了"sunrise 日出"，到中午的时候看到了"sunshine 阳光"很明媚，你感觉到处都是"sunny 阳光充足的"，结果被"晒黑了suntan"。最后一天结束了就"sunset 日落"了。

下面是我随手画的一张记忆图，可以帮你瞬间把这么多单词关联成一个整体记忆下来。

```
sun
• /sʌn/
• n 太阳
• vt. 使晒
• vi. 晒太阳

Sunday星期天
sunshine阳光
sunrise日出
sunny阳光充足的
suntan晒黑
sunset日落
```

如果你说，老师，我连单个单词都不会记怎么办？

如果你连"sun 太阳"都不会，那我们来学习一下单个的单词怎么记。

如果这个单词你一眼就记住了，你会觉得下面的步骤多余了，就可以跳过下面的内容。本身就已经记住的单词，还费劲地拆解，那就是画蛇添足。

那么，为什么还要如此细致地给出下面的步骤呢？

第一是照顾单词基础特别薄弱的学生。对于一些低年级的学生或者从来没有学过英语的人来说，再简单的单词也是陌生的，也是需要花很大功夫去记忆的。

第二是为你展现一下不同的思路，给你一点点启发。哪怕这些单词你都会也不要紧，就当作学习一种新的思路。你不是也还有很多单词要去记吗？你可以借鉴我给出的案例，看看对你自己未来记单词有没有一点点启发，没准可以让你的单词记忆变得更加灵活。

我们开始。

例：sun /sʌn/ n. 太阳

你看，sun 的写法是不是跟"孙"的拼音"sun"一样呢？你可以想象，

第一章
超强记忆体验

孙子在晒太阳。这样就用熟悉的拼音帮我们记住了单词的写法。

有人说:"老师,拼音会不会影响单词的读音啊,我会不会读成'孙'?"

这是很多人不敢用这种方法帮助自己记单词的原因,怕单词和拼音的读音混淆。其实不用担心,只要你意识到这个问题,就不会读错了,因为你已经有意识地在辨别什么是单词的读音,什么是帮助记忆的技巧。

针对读音混淆的顾虑,解决方案就是在记单词的时候,第一步就解决读音的问题。发音的时候你只能读这个单词的正确发音,而不能读拼音的音,多读几遍正确发音就会留下正确的发音印象。我们借用拼音的写法来辅助记忆,目的只是帮助你更好地记住这个单词是怎么写的。

所以,切记,用熟悉的拼音辅助我们记单词,只能用于记形,不能用于记音。

例:Sunday /ˈsʌndeɪ/ n. 星期日

sun 是太阳,day 是天。联想:可以让你自由躺在草地上晒太阳的那一天是星期天。这就是用熟悉的词中词来帮我们记忆整个单词。

例:sunrise /ˈsʌnraɪz/ n. 日出

sun 是太阳,rise 是上升,太阳上升也就是日出。这也是用熟悉的词中词帮助我们记单词。有人说:"老师,'rise 上升'这个单词我也不会啊。"那怎么办?我们可以针对"rise 上升"这个单词继续拆分:ri+se。ri 是"日"的拼音,se 是"色"的拼音。联想:上升的日头是红色的啊。这里我们用到了用熟悉的拼音帮我们记忆单词拼写的方法。

例:sunshine /ˈsʌnʃaɪn/ n. 阳光

sun 是太阳,shine 是光亮,太阳的光亮就是阳光。有同学说:"老师,'shine 光亮'怎么记呢?"shi 是"是"的拼音,ne 是"呢"的拼音。联想:你在黑暗中看见了一点光亮,确认一下,是呢,是光亮。

通过上面两个单词的处理,我们发现,如果我们的单词储备量比较充足,需要的拆解步骤就少一些。如果我们碰到不熟悉的单词,还可以继续用更进一步的策略去处理,我们在后续章节中再详细介绍这一点。

阅读这本书就像是在寻宝,你看得越细致,找到的宝藏就越多。如果想找到更多好的方式方法,就抽出时间扎扎实实好好研究本书吧。研究透一本书比你泛泛地看几十本书都更加有效。

例：sunny /ˈsʌni/ *adj.* 阳光充足的

sun 是太阳，双写 n 再加 y 表示形容词。有太阳的时候是阳光充足的。这是利用后缀的特点记单词。

例：suntan /ˈsʌnˌtæn/ *n.* 晒黑

sun 是太阳，tan 是"炭"的拼音。被太阳晒得像炭一样，就是晒黑的意思。这个单词是不是特别好玩？发挥想象力，在大脑中描绘出生动的场景，就像看动画片一样。联想：一个人走到大太阳底下，被晒得像炭一样黑。

例：sunset /ˈsʌnset/ *n.* 日落

sun 是太阳，set 有日月沉落的意思，合起来就表示日落。

在后面的单词记忆章节中，我将带着你学习完整版的记忆方法。当你学会完整版的方法之后，就会更加喜欢背单词了。

三、体验 3：成为数字记忆高手

日常生活中，我们要经常记忆各种数字信息，如商品的价格、电话号码。科目学习也经常涉及数字记忆，最典型的就是历史年代和物理化学的各种常数。记忆竞技场上或者记忆秀场上，选手们需要一次性记忆几十、上百，甚至几千个毫无规律的数字。

下面我们简单体验一下成为数字记忆高手的快乐。

1. 数字记忆的日常及学习应用

日常生活中，我们经常要记忆一个人的姓名、电话或工作编号。

例：王湖林，18730174512779（姓名和工作编号纯属虚构，如有雷同，实属巧合）。

处理：18730 谐音"要拔起森林"，174512 谐音"一起师傅椅儿"，779 谐音"吃吃酒"。联想：要拔起森林，一起给师傅做椅儿，然后去吃吃酒。

把名字形象化处理一下，王湖林就是王到湖边的林子里。你可以想象，王到湖边的林子里，要拔起森林，一起给师傅做椅儿，弄好了大家一起去吃吃酒。

例：马克思的生日是1818年5月5日。

1818可以谐音成"一巴一巴"，5可以谐音成"呜"，所以你可以想象马克思出生的时候一巴掌一巴掌把资本家打得呜呜直叫。

例：三大宇宙速度。

第一宇宙速度就是人造卫星围绕地球表面作圆周运动时的速度，数值为每秒7.9千米；第二宇宙速度为航天器脱离地球引力场所需的最低速度，数值为每秒11.2千米；第三宇宙速度为航天器脱离太阳引力场所需的最低速度，数值为每秒16.7千米。

记忆处理技巧：7.9谐音成"吃点酒"，11.2看起来像用"筷子"夹"点鹅"，16.7谐音成"要留点吃"。

你可以联想，如果要达到第一宇宙速度，吃点酒就晕了，围绕地球表面做圆周运动；如果要达到第二宇宙速度，还要用筷子夹点鹅吃才有力气摆脱地球引力场；如果要达到第三宇宙速度，要留点吃的才能保证后续发力，脱离太阳引力场。

2. 圆周率记忆挑战

圆周率是一个无限不循环小数，其数字中没有规律，因此，对圆周率的记忆体现了一个人记忆水平的高低。记忆圆周率可以训练我们的大脑，提升我们的记忆兴趣，帮助我们掌握更多记忆的方法。

在前面的体验环节，我们记下了圆周率小数点后前40位：

3.14 15 92 65 35 89 79 32 38 46 26 43 38 32 79 50 28 84 19 71

下面，我们来学一种全新的方法，迅速记住圆周率小数点后第41~60位。

69 39 93 75 10 58 20 97 49 44

第一步，我们对数字进行形象化处理，也就是把数字按照两位一组变成一个特定的图像。这个方法叫作数字编码法，或者数字密码法。

69—八卦	39—三角	93—旧伞	75—起舞	10—棒球
58—尾巴	20—鹅蛋	97—酒器	49—石臼	44—嘶嘶

有人说，这才20位，死记硬背也能很快记下来。是的，数量少时死记硬背就可以解决，但是数量一旦变大，死记硬背就解决不了了，必须学会用下面这种新的方法。

接下来，你只需要按照我的步骤想象一遍，就能轻松地实现对这些数字的正背和倒背。

第二步，找十个不同的记忆存储空间来存储这些数字。比如我们可以在自己的身上找十个不同的部位来存储这些数字。

从头到脚分别是：头顶、耳朵、眼睛、鼻子、嘴巴、脖子、肚子、大腿、膝盖、脚板。你最好用手在自己的身上摸一遍，把顺序记清楚。

第三步，将十个数字编码跟十个不同的身体部位联系起来。

头顶—69—八卦：想象头顶上有一把八卦剑。

耳朵—39—三角：想象耳朵是三角形的。

眼睛—93—旧伞：想象眼睛被旧伞戳到了。

鼻子—75—起舞：想象鼻子里面有两人在起舞。

嘴巴—10—棒球：想象嘴巴被棒球打歪了。

好了，先复习一下上面五个部位，要做到随便摸一个部位就能迅速说出对应的数字。如果可以做到，请继续记下面五个；如果还做不到，复习几遍，直到能做到再继续。

脖子—58—尾巴：想象脖子上缠着一条尾巴。

肚子—20—鹅蛋：想象肚子上面堆满了鹅蛋。

大腿—97—酒器：想象大腿上绑着很多酒器。

膝盖—49—石臼：想象膝盖在捣石臼。

脚板—44—嘶嘶（蛇）：想象脚板踩着嘶嘶叫的蛇。

同样，复习一下上面这五个部位，要做到随便摸一个部位就能迅速说出对应的数字。如果可以做到，就从头到脚回忆这十个部位的数字，如果都能回忆起来，就证明你把这 20 位数字记住了，如果还做不到，再复习几遍。

测试一下，圆周率小数点后 41~60 位，你能默写下来吗？再提高难度，你能倒着默写吗？

四、体验 4：瞬间解决各科目记忆难题

各个科目的记忆方法有很多，比如列表法、口诀法、压缩法、定位法、图示法、谐音法等。我们先用最简单的谐音法来辅助记忆各科知识，看用对了方法之后，我们的记忆会得到多大的改观。

谐音法是一种非常简单的方法。谐音法的具体操作就是找到跟原文内容"读起来像"的内容，然后利用谐音将两项内容联想在一起。

许多语言中都存在谐音现象，即一些字词的发音很接近。利用谐音，可以创造语言的美感和趣味。谐音法有三个明显的作用：化枯燥为有趣，化难记为好记，化零散为整体。

谐音法广泛应用于各类文字记忆中，往往有着出奇制胜的效果。

下面，我们就来体验知识点的谐音记忆法吧。

1. 姓名、名称记忆

在人际交往中，我们往往需要记忆很多姓名。记姓名有很多方法，这里

我们先体验谐音法。

谐音注重的是读音。在运用谐音法的时候，你可以单独看读音，通过读音来寻找脑海中熟悉的元素。比如这个读音是不是你熟悉的人名的近似读音，或者是不是你熟悉的事物的近似读音呢？

例如，有个人的名字叫方祥❶，谐音成"方向"。将原来的"祥"与"方向"联系起来，可以联想这个人所在的"方向"很吉"祥"。

再如，有个人的名字叫肖菲洋，通过谐音可以想成"小肥羊"。将谐音与原来的"肖菲洋"联系起来，你可以联想"小肥羊"让你消费了不"菲"的大"洋"。

总结一下，我们只需要通过名字的读音来联想到一个熟悉又有趣的相似读音的事物，将这个事物与原来的名字关联起来，就可以很快记住对方的姓名了。

这个方法对于中外名字都非常有效。比如，帕瓦罗蒂可以谐音成"怕瓦落地"，屠格涅夫可以谐音成"屠哥捏斧"。如果在谐音的同时，脑海中出现对应的图像，那么对于姓名的印象就更深刻了。

除了人名，国家名、地名、品牌名等名称都可以运用谐音法进行处理。比如，巴伐利亚可以谐音成"爸发梨呀""爸发力呀""爆发力呀"等，贝尔格莱德可以谐音成"背二哥来的""贝儿哥来的""背儿歌来的"等。通过上面的举例，我们可以发现，谐音法是一种很灵活的方法，同一个名称可以有不同的谐音方式。总之，你能想到的、你所熟悉的谐音就是好的谐音。

2. 传统文化记忆

十二地支是我国传统文化的重要组成部分，常常用于记录时间。十二地支分别对应着十二生肖。下面我们来看看，如何利用谐音法一遍就记住地支与生肖之间的对应关系。

例：十二地支与十二生肖的对应关系。

---

❶ 除历史人物外，本书所涉及的人名均为作者自创，如有雷同，纯属巧合。

第一章
超强记忆体验

子—鼠、丑—牛、寅—虎、卯—兔、辰—龙、巳—蛇、

午—马、未—羊、申—猴、酉—鸡、戌—狗、亥—猪

下面，我们运用谐音法快速记忆它们的对应关系。

子—鼠：谐音"紫薯"或者"纸鼠"。

记下来之后，只需要在回忆时还原成"子—鼠"就可以了。下面的操作也是一样的，记住了谐音的部分，还要自己还原成原来的知识点。

丑—牛：直接就是"丑牛"，意思是很丑的牛。

寅—虎：谐音"银虎"，意思是银色的老虎。还原回去时把"银"变成"寅"。

卯—兔：谐音"毛兔"，意思是长毛兔。还原回去时把"毛"变成"卯"。

辰—龙：谐音"乘龙"，乘龙快婿。还原回去时把"乘"变成"辰"。

巳—蛇：谐音"死蛇"，就是死了的蛇。还原回去时把"死"变成"巳"。

午—马：谐音"五马"分尸。还原回去时把"五"变成"午"。

未—羊：谐音"喂羊"。还原回去时把"喂"变成"未"。

申—猴：谐音"孙猴"，也就是孙猴子——悟空。还原回去时把"孙"变成"申"。

酉—鸡：谐音"有机"物。还原回去时把"有机"变成"酉鸡"。

戌—狗：谐音"虚构"，意思是虚构的一只狗。还原回去时把"虚构"变成"戌狗"。

亥—猪：谐音"害猪"，意思是有害的猪。还原回去时把"害"变成"亥"。

下面，给你出考题，请分别写出地支与生肖的对应关系：

酉—__、__—牛、__—猪、辰—__、__—羊、__—马、__—狗、__—蛇、子—__、申—__、寅—__、卯—__

3. 地理、历史记忆

政治、地理、历史中存在大量的零散知识点要记忆，如果用传统的机械记忆方法或者抄写的方法，需要大量时间和精力，而且非常容易遗漏其中的某些要点。为了解决这个问题，我们可以对知识点进行归纳或者简化，然后用所学习的各种记忆方法将零散的知识点变成一个整体，从而保证可以完整

回忆。

关于政治、历史、地理的记忆方法种类繁多，在这里我们重点体验谐音法的魅力。

例：八国集团首脑会议，简称G8。其中八国集团（Group of Eight）是指八大工业国——美国、英国、法国、德国、日本、意大利、加拿大和俄罗斯的联盟。

碰到这种知识点，我们需要迅速把题干和答案提炼出来，简化记忆内容。

第一步，提炼题干和答案。

题干：G8（八国集团首脑会议）。

答案：美国、英国、法国、德国、日本、意大利、加拿大和俄罗斯。

为了记忆更加方便，我们可以对答案进行简化。毕竟，需要记忆的内容越少，大脑就会越轻松。

答案简化：美、英、法、德、日、意、加、俄。

第二步，对八个字进行排列，找出更加方便谐音的模式。

通过我们的研究，发现下面的排列方式是最容易产生有意义谐音的：

排列优化：俄、德、法、美、日、加、意、英。

可以谐音成：饿的话每日加一鹰。

第三步，将谐音与题干联系起来。

八国集团首脑会议开久了，大家肚子会饿的，饿的话每日加一鹰。

下回你再看到G8相关的题目时，就很容易回想起G8是哪八个国家了。

下面考核一下，G8是哪八个国家？

当我们熟悉了上面的操作步骤之后，可以灵活地安排所需要的步骤。

例：战国七雄分别是：秦国、韩国、赵国、魏国、楚国、燕国、齐国。

我们提取题干和答案，并且进行简化，得到如下需要记忆的内容：

战国七雄：秦、韩、赵、魏、楚、燕、齐。

谐音成：请喊赵魏去演戏。

跟题干联系起来：导演要拍战国七雄的电影，所以请喊赵魏去演戏。

下面你自己回答，战国七雄是哪七雄？

4. 化学记忆

我们在学习化学的时候，需要记忆各种各样的元素，以及不同分类模型下的元素组合。

例：黑色金属主要包括铁、铬、锰元素。

"铁铬锰"读起来像"铁哥们"，于是，我们把题干和答案的谐音联想到一起，就变成了"黑色金属合成了我的铁哥们"。为了记忆深刻，你可以在脑海中构想一个很黑的铁哥们的形象。很黑提示你是黑色金属，铁哥们就提示你是铁、铬、锰三种金属元素。

在化学学习中，还必须记忆一定数量的化学元素的周期顺序。

例：元素周期表前 5 个元素是氢、氦、锂、铍、硼。

我们通过谐音法找感觉。"氢、氦"读起来像"青海"，青海是我们比较熟悉的一个地名。"铍、硼"谐音"皮篷"，由皮篷可以想到一个皮做的篷子。"锂"谐音"里"。组合到一块，"氢、氦、锂、铍、硼"就谐音成"青海里皮篷"，意思就是青海里面飘着一个皮篷。我们很容易就能在脑海中看到对应的画面。于是你可以想象自己进入元素的世界，第一眼就看到了"青海里皮篷"，通过谐音对应关系，迅速回想起前五个元素就是"氢、氦、锂、铍、硼"。

在化学元素的学习中，还有一个非常重要的知识点，那就是金属活动性顺序表。

在中学阶段学习的金属元素中，金属活动性顺序（由强至弱）如下：

钾、钙、钠、镁、铝、锌、铁、锡、铅、（氢）、铜、汞、银、铂、金

我们通过谐音，可以得到下面的参考：

"钾、钙、钠、镁、铝"谐音成"嫁给那美女"；

"锌、铁、锡、铅、（氢）"谐音成"身体细纤轻"；

"铜、汞、银、铂、金"谐音成"统共一百斤"。

所以，"钾、钙、钠、镁、铝、锌、铁、锡、铅、（氢）、铜、汞、银、铂、金"整体谐音成了"嫁给那美女，身体细纤轻，统共一百斤"。跟题目"金属活动性顺序"结合起来记忆，可以想象金属元素们在举办一场比武招亲活动，

看看谁的活动性强，强的就可以嫁给那美女，那美女的身体细纤轻，统共才一百斤。脑海中出现对应的图像，通过语句结合图像记下来，再把元素对应还原回去就完成了记忆。

下面，自己默写一下金属活动性顺序吧。

五、如何使用本书帮你马上拥有超强记忆

如果你看了前面的内容觉得有一点点收获，能够坚持看到这里，那么我该祝贺你从此刻开始踏上了自我成长与自我超越的伟大征程。我希望在你的心中种下一颗种子，让你相信自己拥有不断成长的力量。

对大脑的历练并不仅在此刻的学习上，更在大家每天的奋斗中。挑战极限，浴火重生。"凤栖之处，必出大才！"能忍受浴火重生的痛苦，才能达成超越平凡的目标。

这本书凝聚着我十余年的心血，希望这本书能在恰当的时机来到你的手上。

这本书不是金手指，不能让你轻松一指就点石成金；它不是方舟，不能让你优哉游哉直达彼岸。但是，它是烈焰，我们未来的一整套课程，将燃烧你的脑细胞。你会沸腾到尖叫，你的身体会被炙烤，你的思维会被打破，一套全新的思维方式重新建立，一种学习方法将诞生。

学习不能改变你的起点，不能改变你的过去，但是从你愿意学习的此刻开始，你就在改变你的未来，改变你的终点。尤其是学习一项关于如何高效学习的新技能，一定可以对你的未来作出积极的正向改变。

如何使用本书呢？

1. 兴趣是最好的老师

没有人能代替你进行学习和训练，你要亲自从接下来的学习和训练中获得成功，最大秘密是：兴趣！兴趣是最好的老师。

《论语·雍也》中有"子曰：知之者不如好之者，好之者不如乐之者。"

很多人为了应付考试，每天都在重复机械地学习，这种学习模式把许多原本很有趣的东西弄得很无趣。改变外在的学习内容和学习环境很困难，因为从小学到初中、高中甚至大学，各专业的学习内容是固定的，考试形式也是固定的。想改变任务是很难的，所以我们只能换一个思路，改变自己，改变自己与外在任务的相处模式。你可以想办法把学习变得有趣！让学习变得有趣的核心秘诀就是——自娱自乐，就是自己想办法把学习的内容或者学习的过程变好玩！

比如，有些同学背课文时感觉课文又长又难，毫无乐趣。但是，如果你学会了想象画面，甚至学会了自编、自导、自演的方式，就可以把语文课文当成剧本，用脑海中想象出来的各种场景和人物、事物、故事去拍电影。这样，学习的方式就改变了，语文课本也会变得生动有趣。至于如何具体操作，大家可以在这本书中找寻答案。

所以，你可以将阅读这本书的过程想象成一场寻宝探秘的过程，只要付出努力，总会找到属于自己的宝藏。

2. 学会举一反三

这本书不可能把你平时碰到的所有记忆问题都囊括在内，也不可能列举所有需要记忆的知识点作为案例。但是这本书会分门别类地给出很多相似的参考案例。大家在学习的时候不仅要看书里的案例分解，更重要的是要学以致用，用以促学，给出自己的思考和记忆方案。

3. 马上行动，大量实践

学到一个方法就马上应用，找到大量需要记忆的内容去实践，在实践中掌握方法、提升能力。在这一过程中，你会发现方法都会有适用和不适用之处，你要学会自己琢磨适用与不适用的原因，尝试从自己的角度去解决这些问题。久而久之，你就会将方法内化，不需要刻意使用也能事半功倍。

4. 训练是必不可少的

仅通过阅读这本书就变成顶尖的记忆高手，这种想法有点不切实际。每个人都需要经过系统的训练才能成为真正的高手。所谓练武不练功，到头一场空！但是大家也不要因为一时成不了高手就放弃了成长。《道德经》里面有一段："合抱之木，生于毫末；九层之台，起于垒土；千里之行，始于足下。"有远大的目标是好事，想成为高手也是好事，这都是可以实现的，但是要一步一步地来，学懂理论，学会方法，多多实践，努力训练，善于总结。

5. 要有探索未知和解决问题的精神

本书就像一本武功秘籍，如果你想走得更高，就要打牢基础，从头细致研究，将每个方法都学会。如果你只是想解决某个方面的问题，可以直接跳到相应的章节阅读学习，碰到理论或基础不足的情况，再跳回相应的理论和基础部分。

大家看我的书，要学会把理论变成实战方法。不仅学习知识，学会方法，更重要的是要思考如何将知识和方法用于实践，这叫学以致用。

大家还要学会系统处理问题的思路：发现问题、分析问题和解决问题。

问题是理想状态与现状之间的差异。所以我们需要知道自己想要的理想状态是什么，而自己的现状是什么，以及现状跟理想状态之间的差异是什么。比如现状可能是十几分钟记不下一首古诗，记下之后也很快就忘记，而理想状态是三分钟内记住一首古诗，一个月都不会忘。所以产生一个问题：如何将自己背一首古诗的时间从十几分钟压缩到三分钟内，并且长久不忘。

分析问题就是对问题的方方面面进行分解，寻找产生这些问题的原因。分解就是把一个整体分成很多不同部分。例如，我们可以把"如何让自己背一首古诗的时间从十几分钟压缩到三分钟内，并且长久不忘"这个问题分解成人、材料、方法等部分。

人的部分：原来记得慢是因为精神状态不好、注意力不集中、没有心思、抗拒、能力不足等。

材料的部分：原来记得慢是因为材料难度大等。

方法的部分：原来一直都是死记硬背、缺乏理解、没有复习，所以记得慢、忘得快。

解决问题就是针对分析出来的这个问题的重要因素进行处理，使整体向理想状态发展。

比如经过分析，原来古诗背得不好，主要是由于内心抗拒、能力不足，那我们就要先破除抗拒，让自己愿意背古诗，让自己觉得古诗是有趣的、形象生动的、比较好学的。

如果是材料的原因，就要设法降低材料的难度。比如一首诗很长，就把这首诗先分解成几个部分，每次解决一个部分。

如果是方法的原因，就要学会一些科学高效的方法，逐步提升记忆的效率。

所以，本书写的不仅是方法的学习，更是一套解决问题的方法论。

当你学会发现问题、分析问题和解决问题的思路后，自己也能创造出无穷无尽的好方法。期待你能与我分享你的心得。

第二章

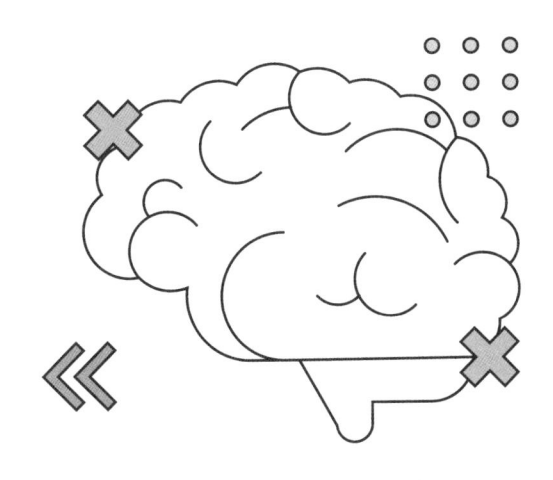

你也能拥有
超强记忆

CHAPTER 2

一、认识自己，你比自己以为的更优秀

> 认识你自己！
>
> ——苏格拉底

"认识你自己！"这么简单的一句话，做起来并不简单。绝大数人对自己没有准确的认识，从而限制了自己大脑潜能的发挥。为什么这么说呢？来，我们做个简单的实验你就会知道了。

现在，你先不要去鼓掌，凭借对自己的认识，在下面的括号里填上你认为自己一分钟能鼓掌多少下？（　　　下）

好，现在拿出计时器，设置 10 秒的时间，在这 10 秒内拼尽全力用最快的速度鼓掌，并数出鼓了多少下，记下来。（　　　下）

然后把上面的数字乘以 6。（　　　下）

对比一下你之前填的数字，这是你之前预计的（　　　）倍。

测试结果说明：

◎大部分人的实际能力是自我预计的 2~5 倍，这说明你对自己的能力评估过低。你应该对自己有信心，你的能力比你以为的更厉害。

◎有些人的预计数跟实际数差不多，如果你也如此，恭喜你对自己有清晰的认知。

◎少部分人的预计数比实际数高很多，如果你也如此，则需要减少盲目的自信，让自己实事求是。

我开展系统的训练课程时总会在开场测试这个项目，每次都发现绝大多数人对自己的能力评估过低。我希望通过一个简单的测试让大家清晰认识到，真实的你比你自己以为的更加优秀，从而帮助你树立训练提升的信心。

记住，每个人都有与生俱来的天才潜力，每个人都本自具足，我们只需要更好地认识自己，发掘自己真实的能力，就一定会从内到外都变得更加优秀。

二、冰山奇迹——你的潜力超乎想象

我们的显意识只是水面上的冰山一角，而我们的潜意识则是水面下隐藏的巨大部分。我们显示出来的能力只是我们实际能力的一小部分。特别是在学习领域，大部分人从小只会死记硬背，从来都没有体验过好方法带来的过目不忘的乐趣，更没有体验过系统训练带来的倒背如流的快感。很多人正是因为缺少体验，所以不相信自己的潜力，把自己局限在很低的记忆水平。

每当我看到人们被认知和环境限制都会觉得特别可惜。他们本可以把大脑用得更好，从而让自己学习更好、能力更强、成就更大，但因没找到方法而一直在学海中挣扎，疲惫不堪，迷茫无助，浪费了自己的天赋潜能。

我们的大脑具有强大的发散功能、链接功能、记忆功能和推理功能。大脑善于分工协作，也擅长系统运筹。很多人却错误地认为大脑能力是天生的，自己的大脑一点都不厉害，就连最基础的记忆能力都不行。

其实大脑的能力，不管是记忆能力还是思维能力，都是可以通过后天训练不断提升的。我在大脑训练领域耕耘多年，在世界大赛上获得过"世界记忆大师"荣誉称号，见证过许多人通过训练将记忆速度提升三五倍甚至几十倍。我也亲身培养过很多世界记忆大师，他们当中有中小学生、大学生，也有职场人士。

这是一个被大量人群验证的事实——人的大脑能力可以通过训练不断提升，人的大脑潜力是无穷无尽的。当年我拿到世界记忆大师荣誉称号的时候，可以一小时记忆 1000 个以上的数字，一小时记 10 副以上扑克牌，2 分钟内记住一副打乱的扑克。这样的成绩已经是世人眼中的奇迹了，但是每一年的世界记忆冠军仍在不断刷新记忆纪录。一小时数字记忆突破 3000 位数字，一小时记忆超过 30 副扑克牌……这些世界纪录在我看来都是奇迹。

每次看到世界纪录刷新，连我都会想：天啊，人类的大脑太厉害了！

所有创造这些奇迹的人，他们的记忆能力都不是天生的，而是被训练出来的，这就是大脑训练的魅力所在。一个平凡普通的人，也能够通过科学系统的训练达到自己的脑力巅峰，创造出让世人赞叹的奇迹。

所以，我觉得人类最美好的事业之一，就是帮助更多的人发掘大脑的强大能力，让更多的人做更好的自己。未来的最大财富，就蕴藏在我们自己的大脑中，开发与生俱来的超强大脑，就是挖掘未来无尽的财富。

伴随着大脑的开发，提升的不仅是记忆力、思维力，还有无穷无尽的创造力。全人类的大脑开发程度越高，探索到更多知识的可能性就越大。

让更多沉睡的大脑醒来，我们就可以拥有更多的达·芬奇、爱因斯坦、马斯克；让更多沉睡的大脑醒来，我们的未来就会有更多伟大的发现，会有更多新颖的发明，会有更多不可思议的创造；让更多沉睡的大脑醒来，我们就能走向更广袤的宇宙，发现更细微的世界，维护更加美好的环境，共筑人类更和谐的未来！

第三章

带你走进
超强记忆

CHAPTER 3

一、战胜遗忘就是赢得记忆

> 知己知彼，百战不殆。
> ——《孙子兵法》

1. 了解记忆的两大天敌

我们想提升自己的记忆能力，首先应该知道记忆的天敌是什么。

记忆有两大天敌：时间与数量。

时间久了，我们自然会遗忘。

数量多了，我们会记忆困难、回忆混乱。

面对这两大天敌，我们有哪些制胜之道呢？

我们都想学过的知识永远不忘，但这是一件近乎不可能的事情，所以，我们只能针对遗忘的特性，在自己的学习习惯和学习方法上做一些调整。

可以这么说，一旦了解了遗忘，战胜遗忘，功效也就等于记忆能力的大幅提升。

2. 影响遗忘的五种因素

人的大脑不是硬盘，无法将所有需要的信息永久保留而不丢失。所以遗忘是不可避免的。但是不同的人在面对不同的信息时所产生的遗忘程度是不同的。影响遗忘的因素有哪些呢？

科学研究发现，影响遗忘的因素主要包括以下几个方面：识记材料的性质、识记材料的数量、识记材料的序列位置、学习的程度和识记者的态度。

下面，我们针对这几个因素，分别进行深度讲解，并且思考如何调节这几个因素，让自己能更好地克服遗忘。

（1）识记材料的性质

关于识记材料的性质与遗忘速度之间的关系，总体上来说是：对学习者有意义的材料比无意义的材料遗忘得慢；形象的材料比抽象的材料遗忘得慢；简单的、难度小的材料比长的、难度大的材料遗忘慢。

下面是我首创的记忆材料与遗忘度判断卡尺，借由这个卡尺可以清楚地分辨材料的性质与遗忘速度的定性关系甚至是定量关系。

	遗忘快									遗忘慢
意义度	0	1	2	3	4	5	6	7	8	9
形象度	0	1	2	3	4	5	6	7	8	9
简易度	0	1	2	3	4	5	6	7	8	9

这个判断卡尺也可以为我们提供优化识记材料的依据。

如何优化我们的识记材料呢？

我们的大脑对没有重要意义、不感兴趣、不符合需要或者在工作和学习中不占主要地位的识记材料会快速地自动遗忘，而把更多的记忆空间留给那些有意义、感兴趣、符合需要的材料。那么，如果碰到特别没有意义，但是又必须牢牢记下来的材料，我们该怎么做呢？

思考一下，能不能人为给这个材料增加意义度呢？这里所说的意义是针对个人而言的。你可以人为地把自己跟这个材料关联起来，让这个材料变成跟你有关系的材料，这样对你而言，意义度就上升了。比如，我们在学习生物学中人体组成部分的相关知识时，就可以把生物学的知识跟自己的身体紧密联系起来，这样，书本上的知识就变成了你自己的知识。又如，我们在学习语文课文的时候，可以想象自己就是作者，那么课文就变成自己的作品了。

如果碰到的材料是很抽象的，我们可以运用本书中所介绍的各种记忆方法把抽象的材料转化成形象的内容。具体的转化方法可以在本书中寻宝。

如果碰到的材料很难，我们就想办法把这个材料的难度降低，也就是提高简易度，或者建立知识难度的阶梯，在高难度的内容面前一级级地补充难度稍微低一点的内容。

如果材料长，则可以把这个材料变短一点，把内容切割一下，变成自己容易理解的内容，就像蚂蚁吃大象一样，将每一个小的知识模块都控制在自己可以接受的范围之内。

还有一个遗忘特性，就是骨架支柱的内容不容易遗忘，细枝末节容易遗忘。所以我们在记忆的过程中要学会列提纲，从宏观上把握所学内容的框架、结构、条理及大体意义，通过总结大意去记忆。如果枝叶也需要记忆牢固，则可以在相应的主干部分加深与枝叶的联系，使这些细枝末节的知识攀附在已经牢固记忆的主干知识上。

这样处理，就解决了识记材料的性质给我们带来的遗忘问题。

（2）识记材料的数量

识记材料的数量影响遗忘，这个很容易理解。如果我们一次性记忆大量的材料，容易产生大量的遗忘。识记材料的量越大，识记后的遗忘也越多。有实验表明，识记5个材料的保持率可以达到100%，识记10个材料的保持率则下降为70%左右，当识记100个材料时，保持率只有25%左右。即使是有意义的识记材料，当识记量增加到一定数量，它的遗忘速率仍会接近于无意义识记材料的保持曲线。

我们都希望识记材料的数量少一点，这样就可以将更多的时间留在少量材料上，集中优势精力留下更深刻的印象。但是我们经常需要记忆大量材料，比如在应对中高考、四六级、考研的时候有大量的单词需要记忆，少则几百个，多则几千个。如何解决数量多的问题呢？难道就一定要接受上面所呈现的大规模遗忘的事实吗？

不是的。聪明的你想一下，如果识记5个，保持率可以达到100%，而识记10个时就降到了70%左右，100个时就降到25%左右，那我们可不可以在碰到10个材料的时候分一下，分成两个5呢？当我们分成两个5时，就有了100%保持率的可能，只是在处理第二个5的时候，第一个5可能会产生一定的遗忘，那么我们就可以多花一点点时间将他们合到一块复习一下。这个思路会衍生出一个非常好的学习方法——巴掌复习法。后面会跟大家详细解说这个方法。

在后续的学习中，你会发现归纳和分类也是一种很好的方法，可以把大量的材料分成几个或者几十个群组，每个群组的数量相应就变为原来的几分之一或者几十分之一，应对每一个组群的时间精力就相对变多了，从而可以更好地增强记忆牢固度。

（3）识记材料的序列位置

识记材料的序列位置不同，遗忘发生的情况也不一样。一般是材料中的开头和结尾部分的内容比较容易记住，而中间的部分则很容易遗忘。在记忆的过程中会产生前摄抑制和后摄抑制。前摄抑制是指之前记忆的材料对后面记忆的材料产生干扰，所以对材料开头的记忆会对记忆中间的材料产生干扰，导致中间的部分容易遗忘。后摄抑制是指后面记忆的材料对前面记忆的材料产生干扰。

我们如何利用这种特性来增强记忆的效果，减少遗忘呢？

既然前面记忆的内容会对后面记忆的内容产生影响，对前面内容的记忆印象会深一点，那么我们可以抓住每段学习的开始时间记忆重要的内容。把最重要的、需要牢记的内容放到一开始去记忆，并且在记忆牢固之前不要混杂其他内容。

后面记忆的内容会对前面的记忆内容产生干扰，因此我们在记完一部分内容后最好避免继续记忆相似的材料，比如背一会儿单词之后休息一会儿，可以换着背一会儿公式等。

常被提及的早上起床时和晚上睡觉前背诵的学习方式，也运用了避免前摄抑制和后摄抑制的原理。但是我们平时需要记忆的内容很多，白天也需要记忆很多重要内容，那么我们可以把记忆的时间段缩短，尽可能地在前面对后面产生干扰之前完成前面部分的记忆，在后面新的材料进入之前就完成对重要内容的记忆。可以根据自己的情况，把每段记忆的时间控制在前摄抑制和后摄抑制的影响范围之内。

同时，我们可以调整材料的位置，使中间的材料能有充分的机会移到开头或者末尾进行记忆。

（4）学习的程度

一般来说，如果学习10遍可以做到完全掌握某一份学习材料，那么对于这份学习材料来说，10遍就是100%的学习程度。但是，最好的学习效果需要150%的学习程度，即需要过度学习。对于上面的这份材料，虽然学习10遍已经完全掌握，但学习15遍时，记忆效果才最佳。那么是不是学得次数越多记忆效果越好呢？并非如此。一方面，当学习程度达到150%时，遗忘率本身就已经很低了，另一方面由于重复次数增多，大脑的疲劳程度增加，学习的兴趣会减弱。

这个方法叫作150%学习法，就是在已经100%掌握学习内容的前提下继续增加50%的学习程度。

（5）识记者的态度

这个比较好理解，记忆是涉及记忆环境、记忆材料和识记者的一个系统，识记者抱着不同的态度，对识记材料的吸收程度是不同的。

如果一个识记者被逼着完成识记任务，内心有抗拒的想法，那么大脑也会拒绝识记材料的进入。这就是很多小孩子花很多时间记忆却效果不佳的主要原因。并不是他们天生记忆力差，更多的是态度问题和对记忆任务的抗拒。我们解决孩子的记忆问题时，首要的是解决他们的态度问题。

一个识记者在记忆的过程中越积极、越开放，大脑会越喜欢接受识记材料，识记材料也更容易进入大脑。所以在记忆的过程中保持对识记材料友好的态度，以一颗积极平和的心去面对学习，则会带来更优的记忆效果。

很多人产生不良心态的原因是从小接触的理念就是记忆是枯燥的、痛苦的，所以直接让他们在面对识记材料的时候保持好的心态是很难的。要从根本上解决这个问题，就需要从根本上改变对记忆的感受，也就是需要让记忆的过程变得开心快乐一点，人对感兴趣的事情会更加用心一点。所以必须通过一定的高效记忆体验，让识记者在高效记忆的过程中切实体验到记忆的高效和快乐。当一个学生产生"原来还可以这样去记忆"的惊讶表情时，就说明他开始意识到记忆是有方法的，记忆是可以很快乐的，从而喜欢上记忆这件事情。

3. 善用遗忘规律曲线抓好复习时间点

在遗忘领域，有一条著名的曲线，叫作艾宾浩斯遗忘曲线。

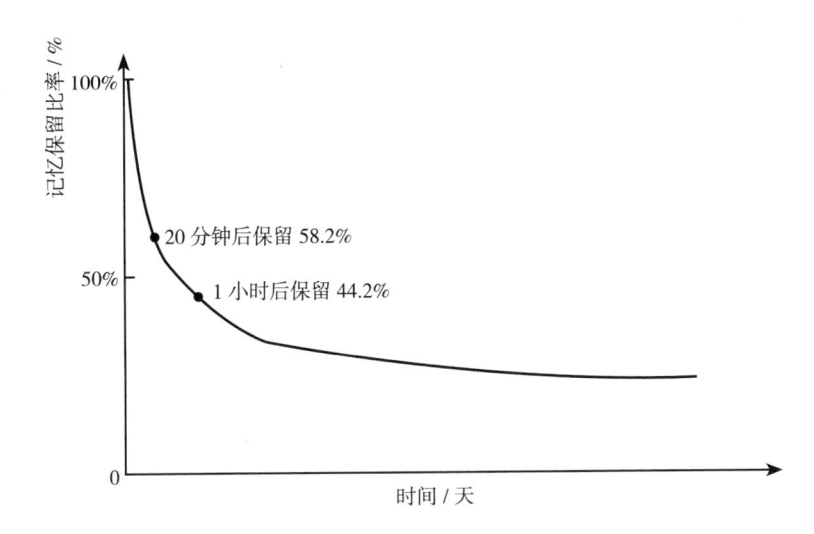

通过这条曲线，我们可以发现遗忘速度先快后慢。在识记完某一知识后，遗忘马上就开始了，尤其在起始阶段遗忘的速度较快。

认真分析这条曲线，再结合生活实际，可以发现减少遗忘的关键就在于记忆之后的起始阶段。记忆完成之后1小时，记忆保留率就下降了超过50%。所以，我们需要及时复习，在记忆完成之后迅速找回那些被遗忘的知识，进行强化学习。而之后，记忆流失的速度逐渐降低，所以可以拉长复习的间距。

具体来说，要做到高效复习，就要抓住几个重要的时间点。

一学完就复习：20分钟之内复习，最好不要超过1小时后再复习。

一天内复习：一天内学习的知识，一定要在当天完成一次复习。

一周内复习：一周学习的知识，一周内要做周总结。

测试前复习：测试之前抓紧复习。

测试后复习：测试之后马上复习，查缺补漏。

快要遗忘时复习：知识点快要遗忘的时候去复习巩固。

二、记忆，就这么简单

1. 了解记忆才能改善记忆

记忆，是大脑对过去经验的保持和再现。

记忆包括三个主要过程：识记、保持和提取。其中提取方式有两种，即再认和再现。

再认就是当你再次碰到之前感知过的信息时能认出来那是曾经感知过的信息。比如有的同学很多年都没有见了，再见的时候仍然能认出来。又如曾经见过的文章再次看到的时候可以认出来。很多选择题属于对再认知识的考查。再认比较简单，因为记忆中的很多线索已经呈现在面前。

再现就是在一定诱因下，脑海中呈现出之前的记忆内容。比如考试时的填空题和简答题，要求答题者从脑海中把很多内容直接回想起来。再现的难度要比再认大。

记忆能让我们对经历过或者认识过的事物进行回忆。我们经历过的事物是指过去经由我们的各种感官或者想象进入我们大脑的事物，比如见过的各种人或物、听过的各种声音、闻过的各种气味、尝过的各种味道、摸过的东西、思考过的问题、内心产生的各种感觉等。这些经历能在大脑中留下痕迹，并且在一定的条件下这些痕迹可以呈现出来。

从"记忆"本身来看也很好理解这一过程，记就是记下来，忆就是回忆起来，也就是把脑海中的信息提取出来。

从这个定义出发，我们该如何改善自己的记忆呢？

如果我们能在记忆之时就想到未来会把这些信息用在什么地方，可以怎么用，就在无形中创造出了回忆的通道。

还有一个回忆的好方法，叫尝试回想法。

尝试回想法就是在记忆之后尝试去回想刚才你记忆的信息，能回想多少就回想多少。能回想起来就说明你的记忆已经较深刻了。对于回想不起来的内容，先不急着去看答案，可以在大脑中找找线索，想想刚才那个信息的前面是什么、后面是什么，当时记忆的场景是什么，用了什么样的方法，从各个角度去寻找与你遗忘的信息相关的线索。多做这样的练习，回忆的速度和品质都会上升的。如果实在回忆不起来，就做个特别的记号，然后把内容重新记一下。

还有一个非常重要的方法能帮助你提高回忆效果，那就是学以致用法，即学了之后马上应用。勤于思、敏于行，思行合一，这对记忆内容的强化巩固也是特别有帮助的。

2. 不一样的分类，不一样的记忆

记忆有很多分类方式，不一样的分类方式，会带来不一样的记忆领悟。

（1）按内容分类

按照记忆内容进行分类，记忆可以分成逻辑记忆、形象记忆、运动记忆和情绪记忆等。

①逻辑记忆

逻辑记忆是以词语、概念、原理和关系为内容的记忆。这种记忆所保持的是反映客观事物本质和规律的定义、定理、公式和法则等。

②形象记忆

形象记忆就是在记忆的时候主要使用直观印象的记忆形式。也就是我们的大脑直接对客观事物的形状、大小、颜色、气味和触感等具体形象和外貌特征进行记忆。

按照五官感觉的特点，形象记忆有视觉形象记忆、听觉形象记忆、嗅觉形象记忆、味觉形象记忆和触觉形象记忆。

③运动记忆

运动记忆是主要以身体动作状态或者动作形象为内容的一种记忆。运动记忆主要帮助我们掌握动作或者操作。运动员在长期的训练中实现了对某些动作的熟练操作，形成了肌肉型的记忆。比如打各种球的时候，运动员不需要去关注怎么做出动作，而能根据形势的变化迅速做出相应的动作。又如练字就是通过不断练习形成肌肉记忆，从而不假思索就能将练习的字形写出来。

④情绪记忆

情绪记忆是指对过去体验过的情绪或情感的记忆。这种记忆在一定情况下会激发对相应情感或者情绪的再次感觉和体验。我们在某个场景中产生了强烈的情绪,当下次脑海中浮现这个场景的时候,情绪就会再次出现。"一朝被蛇咬,十年怕井绳"说的就是情绪记忆。

(2)按保存时长分类

记忆根据时间长短还可以划分成瞬时记忆、短时记忆和长时记忆。

①瞬时记忆

瞬时记忆就是记住之后瞬间就忘了的记忆形式。瞬时记忆的维持时间大约1秒,容量非常大,它可以帮助我们快速处理日常中扑面而来的大量信息,让我们对外在的世界始终保持动态感知。

②短时记忆

短时记忆是一种在较短的时间内储存较少信息的记忆系统。短时记忆会对信息进行加工、编码、短暂保存,在没有复述的情况下一般保持15~20秒。短时记忆的容量也很有限,一般为 7 ± 2 个组块。短时记忆还可以继续分为直接记忆和工作记忆。直接记忆就是对记忆的内容不加工,直接放进大脑,这种类型的记忆量非常小。工作记忆就是对进入大脑的信息再一次加工和编码,从而扩大短时记忆的量,同时为把这些信息转入长时记忆做准备。

③长时记忆

长时记忆是指储存时间超过一分钟甚至终生不忘的记忆。长时记忆容量特别大,记忆内容一般是短时记忆中经过加工编码的内容。它的信息是以有组织的形态储存起来的。长时记忆信息的组织方式可以分成表象编码和语言编码。表象编码是利用五官感觉所接受的形象组织起来帮助记忆,而语言编码是通过词语形成的各种逻辑来帮助记忆。长时记忆的形成有两种方式,第一种是因为印象特别深刻一次就形成的,第二种是对短时记忆内容加以复述形成的。

(3)按记忆方式分类

按照记忆方式划分,记忆类型可以分为机械记忆、理解记忆和图像记忆。

①**机械记忆**

机械记忆是指靠机械性重复和强化来记忆事物的方法。机械记忆不需要改变认识材料和外部形式，也不需要原有的知识经验，它实际上就是一种单纯的为加深认识而进行多次反复的记忆方法。

所以机械记忆在学习的过程中用得特别多，也是人们最容易在第一时间使用的一种记忆方式。不要认为机械记忆就一定不好，其他记忆方式就一定比机械记忆好。其实机械记忆是一种确保我们可以使用的记忆模式。只是在使用机械记忆模式的时候我们需要重复的次数比较多一点，拿出充分的时间和足够的耐心也是能帮助我们解决很多记忆问题的。

②**理解记忆**

理解记忆就是借助积极的思维活动，在弄清认知材料的意义、结构层次、本质特征和内部联系的基础上进行记忆的方式。

由理解记忆又衍生出了很多的记忆方法，比如以熟记新法、比较记忆法、特征记忆法、提纲记忆法和逻辑记忆法等。

③**图像记忆**

在理解的时候加上图画、情感、想象和创造等，在脑海中呈现出相关的图片、场景或生动的过程，这就是图像记忆法。在图像记忆模式下，你会有一种身临其境的感觉，可以跟你记忆的内容进行互动，所以记忆的效果非常好。

由图像记忆法衍生出很多记忆方法，比如配对联想法、串联记忆法、故事记忆法、画图记忆法、记忆宫殿法和电影法等。

三、超强记忆的四大标准

超强记忆就是比普通人的记忆能力要厉害很多倍的记忆能力。超强记忆的评判标准有以下四个方面：记得快、记得多、记得准、记得牢。

1. 记得快——神奇的秒表效应

什么叫记得快？就是给你一定的材料，所花的时间越短，就代表记得越快。

例如在记忆领域的各种国际国内比赛中，给你一副打乱的扑克牌，完全正确记忆下来的时间越短，就代表记忆的速度越快。经过长时间专业训练的选手大都能在两分钟之内记下来。还有一些高级别的选手记忆速度更快，半分钟内甚至十几秒就记忆完成了。

上面说的是比赛，在日常学习中，给你一些需要记忆的材料，比如一首古诗、一篇课文、几十个单词，你记忆所花的时间越短，就代表记得越快。

怎么才能记得快？

想要记得快，不光要有科学高效的记忆方法，还要有持之以恒的训练。而说到训练，不得不说"记得快"的第一大训练神器——秒表。秒表有一个非常大的作用，就是量化你的记忆速度，使你能清晰地了解自己的进步速度，获得训练的成就感，同时激发自己向着更快的速度挑战。

在日常学习中，你也可以充分运用秒表的量化功能，提升你的学习效率。

比如，当你在背古诗、背课文的时候，用秒表记录自己每次记忆的时间，你会惊奇地发现背诵的速度在无形中提升很多。

有时候我们学习或者做事拖沓，总是有拖延症，往往就是因为时间太多而非太少。所以如果你作业拖沓，容易走神，同样可以拿出秒表，看一下你每道题花的时间、整体花的时间，在此时间基础上提升速度。这样你的时间观念建立起来了，效率也高了。

秒表还有一个功能，就是帮助你不断突破自己的极限，让自己变得越来越优秀。可以用秒表设定极致期限，也就是设定完成任务的最短期限，逼迫自己在极致期限内完成。比如，你可以设定在40分钟内把下学期没有背完的5~8首古诗都背完，或者半小时内记住30个单词等。等你能在限定时间内完成，并保持多次成功之后，可以把时间缩短。比如，原来需要40分钟的记忆内容，现在开始挑战35分钟内完成，成功之后再挑战30分钟内完成。

人在规定的时间内完成一个具有挑战性的任务，会产生一种莫名的兴奋感，这样就能不断激发自己的成就感。如果在极致期限内完不成，也不要责备自己，而是要总结经验，分析完不成的原因。是某次完不成还是每次都完不成？如果只是某次完不成，说明这次的任务挑战难度有点高，或者自己的状态不够好，可以继续按照这个挑战标准来。如果是多次完不成，那就是高估了自己的实力，需要调整一下极致期限，调整到与自己当前能力匹配的程度。

这个训练可以大幅提升你的学习效率。

2. 记得多——科学的方法助力

记得多就是指你一次性能记很多东西，如一小时能记100个单词、一天能记200多个单词等。记得多，还有一个含义，就是记得比你之前的水平高50%以上。比如你原来一小时只能记10个单词，现在能记到15个、30个，甚至100个，这也叫作记得多。

记得多一定得靠方法。在没有学习超强记忆方法之前，我们也可以利用人的大脑特性，设计我们的记忆方式。这里给大家提供一些参考。

（1）三七精简法

"三七精简法"是我提出的方法名称，是一种对记忆内容进行简化的方法。

如果只需要记很少的知识点，比如三个以下的知识点，不管什么方法都可以记下来。如何以此提升记忆效果呢？好的方法是学会总结三个要点，再从这三个要点中每个要点提炼出三个次要的要点，以此类推。这样就能轻而易举地记住很多内容。分而划之，永远都不用面对记忆量超标的问题。

人的短时记忆有个"魔力之七"效应，即如果是七个以内的信息，我们死记硬背也可以搞定，超过七个则难度陡增。所以在记忆内容的信息量很大的情况下，利用分组，让每组的信息量不要多于七个。先记完一组，再记下一组，逐步处理完七个分组的内容，再巩固这七个分组。

当然，以上处理方式是当你没有学习过超强记忆法时可取的方法，但是在本书中还可以找到更多有效的处理方法。

（2）世界记忆大师的超强记忆法

本书有很多超强记忆法，在这里先做个概述，详细的方法大家可以根据需要在书中寻宝。以下内容目前看不懂也不要紧，当你对本书深入学习之后，再回头看这个部分就可以实现提纲挈领的作用。

如果信息量也就二三十个，可以用故事记忆法，也就是简单地把所有的信息编成一个故事，利用故事的情节发展将所有信息汇集起来。后面有具体的案例讲解。

如果信息量有三四十个，可以采取超级锁链法，或者记忆宫殿法。超级锁链就是我们在本书体验部分提及的方法，它把每个信息当作锁链的一个环，每次串联两个信息，像串锁链一样，一环扣一环地将信息都连起来。超级锁链法可以让你轻易地由一个信息提取出下一个信息，实现从头到尾不间断地记忆。

记忆宫殿的方法就是在大脑中建立一系列房间，每个房间有不同的位置，比如门、鞋柜、餐桌、餐椅、沙发、茶几、电视柜……这些房间和里面的位置就为你构建了一系列记忆的储存空间。每一个位置都可以帮助你串联记忆一个到几十个知识点。当你构建好这些位置和知识点之间的联结关系时，依次回想位置就可以按顺序提取联结在上面的知识点，从而实现一次性记忆大量知识点的目的。

如果信息量超过一百个，那就需要用化简或者筛除的方法减少记忆量，然后用数字密码或多个记忆宫殿来定位记忆。化简就是找出核心的分组模式，确定每个分组的主题和关键点。关键点围绕主题进行捆绑记忆，最后通过主题之间的关联完成整体记忆。筛除就是对大规模信息先进行排查，选出自己已经熟悉的部分，予以打钩确认，再筛选出简单的部分，对简单部分进行记忆处理，最后处理剩下的困难部分。通过层层筛除，需要处理的信息越来越少。

数字密码定位就是利用数字转化出来的图像作为定位的工具，依次与需要记忆的信息进行关联。利用1~100就可以至少定位记忆100个信息。熟练应用之后，每个数字密码帮助我们记忆的信息量至少可以达到5个，所以100个数字密码可以帮助我们记忆500个信息。当然，在记忆的过程中，由于数量庞大，我们也需要分批处理，并且要做好复习的工作。

采用多个记忆宫殿中大量的记忆地点定位记忆，这是国内外记忆比赛的选手们最喜欢用的方法。我们能记忆的数量跟我们平时储备的记忆宫殿数量直接相关，所以为了记得更多，平时就得多多储备记忆宫殿。

3. 记得准——系统的考核强化

记得准，就是必要记忆内容中的各种细节都记得，不出错。记得准体现在考试中就是：考的都会，会的都对。

记得准要靠考核。如果对所记内容不加考核，光凭自我感觉良好，很有可能最终测试结果大不如人意。凡是记忆，都会有出错概率。人的大脑不是电脑，不可能将信息一成不变地记录下来。记录信息时会产生扭曲、遗漏和增补等现象。扭曲就是把 A 扭曲成了 B；遗漏就是将 ABCD 中的某一个或者某几个漏掉了；增补就是本来只记了 ABC，结果多了一个 D。

举例：我们要精准记忆的内容是"今天天气有点不如人意！"

如果不加考核，很有可能下次回忆的时候就自动增补一个"的"字，变成了"今天的天气有点不如人意！"也有可能在回忆的时候遗漏"有点"，变成"今天天气不如人意！"甚至会产生扭曲，如"今天天气真的很好！"

考核的方法很简单，有自我考核法、相互考核法和测试考核法。

（1）自我考核法

自我考核法，即自己给自己出问题来考核。

比如单词的自我考核，可以盖住中文，只看英文想意思，或者盖住英文，只看中文想单词和写法。然后把自我考核中不会的单词挑出来重点强化，强化完成之后再次考核。

比如数理化课本，可以看目录回想重点知识点，然后默写出来，再去跟正确的知识点做比较和补充。

比如看完书本的一个章节，可以看大小标题回想其中的内容，把内容要点的关键词列出来，再去跟原文做比较。

比如我们做题时，看到公式回想公式的用法，看到知识点回忆做过的题目，看到曾经的题目回想知识点和解题步骤，看到新的题目回想过去的经验和书本相关的知识点。

（2）相互考核法

相互考核法就是两个或者多个同学之间相互考核。

相互考核有很多好处，比如考核的过程中可以及时得到同学的反馈，及时巩固薄弱点；可以训练出题的能力，加强知识的应用训练。相互考核中，在一个同学回答的同时，另外一个同学不仅完成了一轮复习的工作，还可以把评判工作代入考核，让自己对知识的理解增加深度。

（3）测试考核法

测试考核法就是通过各种测试来帮助自己考核知识点的准确程度。

每次作业、周测试、月测试都是一次知识检验。很多人不明白作业的意义，所以觉得每天的作业很烦人，不愿意主动做作业。很多人也不明白测试的意义，所以每次测试都会很紧张，很在意测试的成绩而忽略了测试的真正功能。其实作业和测试都不是走形式，更不是仅仅为了获得分数和排名。作业和测试的真正意义是检测自己的强项和薄弱点，然后总结优劣，从而帮助我们有针对性地巩固知识体系。

4. 记得牢——有效的复习巩固

记得牢，就是记忆产生之后能够保留的时间长。记得牢针对的是重要信息，而不是所有信息。对于不重要的信息，根本没有必要转化为长时记忆，有时候连放入短时记忆的必要都没有，比如在大街上看到的来来往往的人。我们应该迅速清除掉垃圾信息，把重要的空间留给重点信息。

怎样才能记得牢呢？

首先要学会区分信息的重要程度，为信息标注重要度。被你标注的重要度越高的信息，大脑给予的注意力也会更多，更加有利于增加信息的牢固程度。

标注的方法有很多，比如分值标注法、星级标注法和符号标注法等。

分值标注法就是自己设定一个分数标准，比如完全不需要关注的信息分值为0，最重要的信息分值为9，根据信息的重要程度标注0~9中的一个数值，然后你就知道了要优先处理的信息内容。

星级标注法类比于酒店定星级，可以设定1~5星，5星最高。根据信息的重要程度标注1~5星，重点关注星级高的信息。

符号标注法就是自己设定重要层次的符号。符号可以根据自己的喜好进行选择，比如常见的勾、圈、叉、星等。

记得牢还有一个方法叫作天天见。知识与大脑的关系其实跟人与人的关系是一样的，要多见面，一回生二回熟。

记得牢还有一个方法叫作不打不相识。打得你死我活，鼻青脸肿，一辈子都忘不了。为了达到这个目的，可以在记忆中加入特别夸张的形象、特别强烈的动作、特别浓厚的感情。

记得牢还要靠科学的复习方法：一巴掌复习法、卡片箱运动复习法、"七个一"捡钱复习法和极限+睡眠突破法。

（1）**一巴掌复习法**

一巴掌复习法就是把每次学习的内容控制在五个左右，可以是五个单词、五个句子，也可以是五个知识点。

学完之后马上进行三轮复习：正着复习、倒着复习和跳着复习。正着复习就是把这五个知识点按照从第一个到第五个的顺序去复习，倒着复习就是从第五个到第一个地去复习，跳着复习就是乱序复习。

当我们解决完这五个，还要记更多信息时，如何去操作呢？

我们可以把知识分成很多个巴掌，分别去处理每一个巴掌，然后汇总处理所有巴掌。比如我们要记25个信息，可以把它们按照每5个一组分成5个巴掌。我们先记第一个巴掌并复习，然后依次处理第二个到第五个巴掌，最后整体复习。

（2）**卡片箱运动复习法**

这个方法适用于记忆零散信息。

准备阶段：做六个卡片箱或者找六个文件袋，编号为1、2、3、4、5、6。准备卡片，卡片可以像明信片大小，也可以如A4纸大小，视内容多少而定。明确卡片的移动顺序是从1到6。

实施阶段：记住，当天新增的卡片放在1号箱，复习时从6号箱依次往1号箱复习，能记住的放入下一个箱子，比如你记住了3号箱子的卡片内容，那么将该卡片移至4号箱，没能记住的放在原位。

（3）**"七个一"捡钱复习法**

记忆就像在赚钱，留在脑海中的信息就像保存下来的钱，而遗忘的信息就像遗失的钱，通过复习把知识找回来就像把遗失的钱给捡回来，所以这种方式叫捡钱复习法。根据艾宾浩斯遗忘曲线安排复习的时间点。

一学完就复习。

一天之内要复习。

一周之内要复习。

一月之内要复习。

测验之前要复习。

测验之后要复习。

快要遗忘时要复习。

（4）极限+睡眠突破法

你们有没有这样的经历：碰到一个问题总是解决不了或者到某一个瓶颈总是突破不了，晚上睡一觉第二天就突破了。你自己都很惊讶，怎么睡一觉问题就解决了？

其实，这跟人的睡眠机制相关。睡着的时候，大脑会自动处理一天的信息，把不需要的信息清除掉，把重要的信息留下来。但是我们一天之中会获得无数的信息，大脑怎么知道哪些是我们需要保留的，哪些是需要清除的信息呢？答案是大脑压根不知道哪些应该保留，哪些该清除，但大脑会判断一下你的重视程度，把重视程度比较高的留下，不高的清理掉。

那问题又来了，大脑怎么知道你的重视程度呢？

你问一下自己，如果是你非常重视的内容，你会怎么做？标注、重复，对吧？我们的大脑也通过标注和重复来判断重视程度。

先说一下标注。标注相当于精神印记，这种印记可以通过对大脑暗示来得到。比如你在记完一个知识点后，对大脑说，这个知识点很重要，你务必将它留下，然后停留片刻，知识点就会印上特殊的精神印记。又如给知识点一个神圣的背景，或者加上一个特殊的符号。这样，大脑在准备清除这个信息时，就会触碰印记，从而保护知识不被清理。

再说一下重复。一个知识点你重复了十几遍，大脑要清除的话，也需要清扫十几遍。当它清扫了几遍之后，发现这个知识点还在，于是它就认为这个知识点是重要的，然后把之前清扫的几次也给你补回来。作为补偿，它还可能多给你补回几次。这样，这个内容就无形中得到了强化。

运用这个大脑特性，我们设计了一些绝妙的记忆方法。

比如这里的"极限+睡眠"突破法。在入睡之前，对你需要突破的内容不断重复训练，当大脑快受不了时做一个精神印记，告诉大脑这个很重要，给它赋予特别意义，然后直接睡觉。睡梦中，大脑就会暗中加强这些内容，甚至比你在清醒时训练的次数还多，于是第二天你会发现这个内容一下就熟练多了。

我在训练孩子的时候就用过这个方法。有一个五年级的孩子训练圆周率100位的时候复述速度总是突破不了一分钟，很苦恼。于是我跟他说不用着急，睡觉前尽自己最大的可能加速到一分钟左右，实在突破不了，就告诉大脑继续帮自己强化，然后直接睡觉。这个孩子照做了，结果他第二天一大早就很兴奋地说："老师，我突破40秒了！"还有孩子背不下古文，晚上睡觉之前读到睡着，第二天早上看两遍就顺畅背出来了。还有一个同学，在训练数字记忆的读数时，40位代码练了两天都突破不了20秒，也用了一下这个方法，睡觉前练到极致，第二天就轻松进了20秒。

这个神奇方法的操作步骤很简单：
- 晚上先洗漱好，避免睡前还有其他干扰。
- 拿出需要突破的内容，不断强化，极致提速，逼自己往最好的结果训练。
- 训练到想睡时，做个精神印记，告诉大脑这个很重要，然后就直接睡觉。
- 第二天早上起来的时候，把昨天睡觉前的内容翻出来强化一下，然后你就会发现熟练多了。

当然，方法虽好，不能滥用！有几种情况是不能随意用的。

第一种是本来就失眠的人，不能随意用，要测试一下，如果失眠不加深甚至有所改善，就可以继续使用。

第二种是睡前学习容易兴奋的人，这样训练有可能让你越来越兴奋，从而直到大半夜都睡不着。

第三种是有某种大脑疾病或者精神疾病的人，最好优先保障自己的睡眠，也不要轻易使用这样的方法。

第四章

超强记忆的五大核心能力

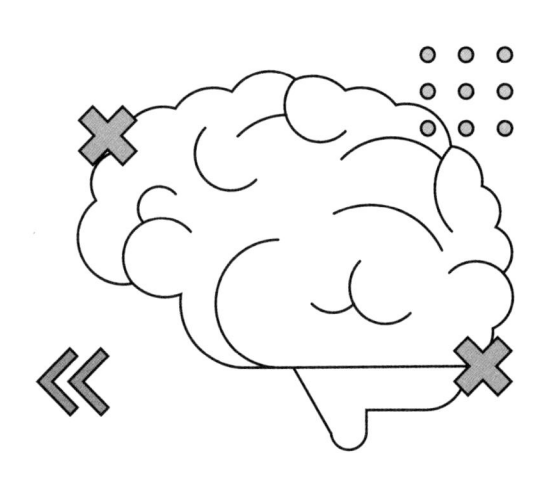

CHAPTER 4

超强记忆的基础要素是五大核心能力：超强专注力、超强想象力、超强联想力、超强绘画力和超强简化力。

大脑就像一块田，五大核心能力弱，就像田里没水缺肥，作物很难长好。贫瘠的大脑学什么都慢，学越多效果越差，人也越累。

聪明的人会怎么做呢？先松土，后浇水施肥，让田变肥沃。田肥沃了，种各种作物就比较容易存活，长势也好。我们可以通过五大核心能力训练，让大脑肥沃起来，这样吸收知识的速度和质量就会提升上来。

接下来，跟我一起来训练这五大核心能力吧！

一、超强专注力

1. 专注才能带来好记忆

先有专注力，后有学习力。

心不在焉，则视而不见，听而不闻。也就是说，心不在焉了，哪怕你身在学习现场，哪怕你仿佛在认真听讲，心也已经不在此处了，思绪也跟着飞走了，要学的内容自然就进不了脑子。

所以，提升专注力，是我们提升记忆力的前提，只有好的专注力才能带来好的记忆力。

2. 提升专注力的五种训练方法

提升专注力，首先要自我觉察。自我觉察就是感觉自己的身体状态和内在状态，知道自己在干什么、想什么。

为什么先要有基本的觉察呢？因为我们学知识就是要把外界的知识吸收到自己的大脑里面来。如果你感觉不到自己的身体，感觉不到自己的状态，又怎么能很好地调整自己的状态去吸收外面的知识呢？所以要先增强对自己的觉察。

察觉一下此刻的心神在不在这里，感觉在不在当下，身心状态是不是学习的理想状态。

觉知，进入。

消化，吸收。

当你能够觉察自己的状态之后，就可以开始提升专注力了。当你提升了自己的专注力之后，你的身心就跟所学融为一体，就仿佛觉察不到自己的存在了。

提升专注力的方法有很多种，可以先跟大家分享其中一些易于在日常学习生活中操作的方法。

（1）**凝视法**

寻找一个固定的点，可以是纸上的一个圆点，也可以是手指头或笔尖。眼睛离点约 30～40 厘米，盯着这个点，目光不要移动，同时自我暗示："我正在把点看大，看清。"刚开始训练的时候，凝视半分钟左右眼睛就会出现一定的酸胀感，这时可以慢慢把视线收回来，闭上眼睛默默回想刚才看到的点。眼睛适应了之后，可以凝视一到两分钟。凝视的时候最好用丹田呼吸，尽量不要眨眼睛。所谓的丹田呼吸，就是吸气的时候小腹鼓起来，呼气的时候小腹瘪下去。这样注意力很快便集中了，就可以转移到学习内容上了。

（2）**数字宫格法**

数字宫格如下图所示，是分成 n 行 n 列的表，比如简单的是 3 行 3 列、4 行 4 列，复杂一点的可以是 5 行 5 列，甚至是 10 行 10 列。数字被打乱顺序填充到每一个格子里。

9	4	2
5	1	6
3	8	7

8	4	13	3
10	1	9	6
5	12	2	16
14	7	15	11

训练方法很简单，就是集中注意力，按顺序从 1 开始找完所有数字，用时越短越好。从 3 行 3 列开始训练，到 4 行 4 列，然后慢慢提升难度到 5 行 5 列，直到 10 行 10 列。

一般每天训练一两次，每次训练 3~5 分钟。这样专注力就会越来越好。

（3）默写数字法

默写数字法是一种很简单的方法，每天都可以训练。

第一种默写数字的方法是从 0 写到 100。书写速度越快越好，中间不能出错，如果在哪一个数字出错了，成绩就算到那一个数字。当能快速从 0 书写到 100 而不出错误的时候，基础的专注力就训练出来了。

第二种默写数字的方法就是从 0 到 200，按顺序写所有的奇数，或者按顺序写偶数，速度越快越好。

如果想继续提升难度，可以挑战第三种写数字的方法，就是从 0 到 300，写所有是 3 的倍数的数字。

（4）听信息做反应法

让受训者听一系列的信息，听到某种信息的时候作出相应的反应。

例如听一串数字，听到某个数字的时候做一个特定的动作。

或者听一系列词语，听到某种类型的词语时做一个特定的动作。

（5）聚光灯专注法

在我的训练体系中，还有一种提升专注力的方法叫作"聚光灯"专注法。

为什么舞台需要聚光灯？原因有两个：一是去干扰，二是突出重点。

我们的学习也需要聚光灯。为了去干扰，要尽可能地创造一个纯粹的学习环境。比如不要把学习的地方跟休息的地方安排在一起，尽可能创造单独的学习空间。把凌乱的桌面收拾干净。特别是小学生的桌面，应当只留当下需要的书本和最简单的文具。学习和工作时，手机放在另一个地方，避免下意识看手机。最好保持安静的状态，周围不要有吸引人的音乐或者其他人的讲话声音。

当然，很多时候，我们控制不了外在的因素，这时需要学会控制内在因素，就是控制我们自己的情绪状态、心理状况和身体状况，主观地创造聚光灯的效应。

为了突出重点，我们要学会从看、听、想三个方面聚光。

看——学生上课时看向老师、黑板的方向，做作业的时候看向作业本。

听——上课要听老师的讲解，而不要去听外面操场上的喧闹，窗外小鸟的叫声或者周围同学的声音。

想——上课要想老师讲的内容是什么，有什么重点，怎么记下来，怎么用出来。

想要同时做到以上几点，就要让自己变成一盏聚光灯。

变成聚光灯的四个要素：心接通、身端正、头定向、眼聚焦。

第一个要素：心接通。心就像是聚光灯的电源，心不到位，专注就到不了位。需要把心接通到现场，接通到当下的任务，把分散在其他地方的心思聚拢过来。

第二个要素：身端正。身体就像聚光灯的支架，支架要稳固才能将当下的专注状态稳固好，身体稳定才能带来状态的稳定。

第三个要素：头定向。头就像是灯头，灯头要转向正确的地方，才能照见正确的事物。老师在表达的时候不仅会发出语音，还会有与内容相关的板书和肢体动作。如果只听，就会错过很多帮助我们加强理解的视觉内容。所以，头要学会定向到重要信息发生的地方。

第四个要素：眼聚焦。眼睛就像灯光，将目光聚焦到学习的内容上。眼聚焦不仅是把视线移动到特定的地方，还必须带着分析的眼光，分析关键的地方在哪里。当我们带着分析的眼光去学习时，专注力自然会用到学习上。

所以提升专注力的绝招就是：让自己变成聚光灯。

最后，给大家一句口诀，让大家可以随时提醒自己进入聚光灯的状态：无敌专注力，变身聚光灯！

（6）专注力等级

为了更好地训练专注力，我们可以量化专注力。标准就是保持上面的聚光灯状态的时间，时间越长，专注等级越高。

下面是我首创的专注力等级表。用秒表计时，看看自己上课或者做作业时保持专注的时间有多长，对应下表就可以得出大致的专注力等级。

等级	一级	二级	三级	四级	五级	六级	七级	八级	九级
时间/分钟	1	3	5	10	15	20	30	40	60

这是实操时比较好用的方法，并不是严格的科学测定。只要对我们的学习有帮助，就可以多多运用。

如何使用呢？

首先测试出专注等级，测出来的等级之下的区间就是舒适区。舒适区是轻而易举能达到的状态，测试者有把握在这个范围内保持稳定的表现。待在舒适区会很轻松，没有焦虑感。舒适区虽然让人放松，但是不能让人成长。

为了提升专注力，需要进入挑战区。挑战区是比舒适区高一到两个等级的区域。挑战区是最适合一个人提升和成长的区域，难度也不是很高，稍加努力就能达成。挑战区让人明确前进方向，将目标具体化。

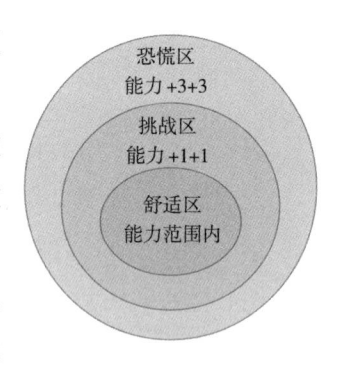

避免进入恐慌区。恐慌区就是远远超过自身能力，哪怕很努力都不一定能达成目标的区域。在这个区域，人们会感到严重焦虑或恐慌，甚至崩溃或放弃。千万不要让一个人在挑战自我的时候直接进入恐慌区，因为进入恐慌区的人会不自觉产生自卑感，对任务产生强烈的抗拒，不自觉地想放弃。

举例：小明经过测试，专注力等级是四级，也就是10分钟内的专注对于他来说都是很容易做到的。为了有所成长，他可以挑战五级，也就是努力达到15分钟的专注时间。当他适应了15分钟的专注时间之后，舒适区就拓展到了五级。这个时候再挑战六级，保持专注20分钟。

因为一堂课是40~45分钟，所以，要努力训练孩子的专注力达到30分钟，这样才能保障孩子上课时可以听到老师讲解的大部分内容，跟得上学校老师的进度。

3. 极致专注——心流

在心理学中，心流是指某人在专注做某件事时所表现的全神贯注、投入忘我的心理状态。表现在学习和工作上，就是如同学习或工作上瘾一样，可以连续学习或工作好几个小时都不知疲倦，而且还会越学越兴奋，越学越开心，越学越充实。

在心流中，你甚至感觉不到时间的流逝，忘了饥饿，忘了自己的身体，甚至在做完了这些事情之后精力没有下降，反而上升了。

在心流中，我们将精神全部投入当下的活动中，所以可以进入极致专注的高能量状态，学习或工作的效率都会大幅提高。

心流可以让我们在从事某项活动的时候调度出最大的潜能，让我们目标清晰而且能在活动过程中及时得到反馈，让我们拥有对这项活动的主控感，让我们全神贯注在这一活动上，从而让忧虑感消失。

很多人都有过心流的体验，这发生在他们做某些自己擅长、特别喜欢又有一定挑战性的事情时。比如玩一款自己喜欢而又有挑战性的游戏时，全身心投入球类对抗时，或者是阅读一本书非常投入时。

心流这么美妙，那我们该如何进入这种状态中呢？

首先，放平我们的心态，不能强求进入心流。并不是只有进入心流才是最好的状态，达不到心流也不必强求自己进入这种状态。带着强迫感时，你的身心都不会自如地进入一种忘我的状态。摒弃一定要达到心流的想法，专注于活动本身而不去考虑是否达到心流，这样反而更加容易进入心流。心流必须是自己自然而然、不知不觉就流入的完全专注状态，我们无法强迫自己进入。如果需要强迫自己进入，就意味着你保持非心流学习或工作的时间太长了，精神已经招架不住了，需要去休息而非强行让自己保持专注。

其次，为自己创造一个良好的有助于进入心流的环境。环境一定是自己喜欢的、毫无抗拒的、愿意待的地方，在这种环境中，你会专注于活动而不需要顾及环境的影响。每次受到干扰都会影响进入心流的过程或者打断好不容易进入的心流。所以在学习工作之前，要先布置好环境，去除所有可能的干扰。

再次，为自己设定有一定难度的挑战。挑战的任务不仅要能让你获得成就感，还要有一定的难度。有一定挑战性的任务能激发你的斗志，使你获得"战斗"的乐趣。不断挑战成功会让你期望更多的挑战，从而在挑战中自然进入心流。

最后，把握好每次心流，让其为自己加分。心流让你忘我陶醉地学习和工作，当这种状态出现的时候，不要停下来，可以让这种状态帮助你持续学习、工作，直到感觉出现了分心状态为止。

二、超强想象力

想象力是超强记忆的必杀利器。

想象力是大脑与生俱来的能力，是我们的大脑对已有的图像材料和知识进行再现或改造的一种能力。

想象分为无意想象和有意想象。无意想象是在生活中非刻意的、不受控的想象，最典型的就是漫无边际的白日梦。有意想象分成再造想象和创造想象。再造想象就是你看到或者听到语言文字描述的时候，在脑海中把描述的图像回忆出来，或者是直接将你看到的图像呈现在脑海中。创造想象就是根据你的目的，对原有的形象进行创新、改变，从而产生新的形象。

1. 想象力让记忆变简单

运用想象力能降低材料的识记难度，使之生动、形象、具体，易于被大脑消化吸收。

记忆材料的种类繁多，可分成情感、图像、声音、文字、数码符号等。

情感类记忆材料是指可以直接激发我们喜怒哀乐等各种内心情感的材料，是最好记的材料。情感材料可以不经过处理直接激活大脑相应区域。因为情感是大脑本身产生的，所以也最容易被大脑记住。

图像类记忆材料是各种物体、图片、影片等材料，相对好记。人类在图像类环境中成长，睁眼就能看到各种图像。所以，从进化的角度来说，图像感知与图像记忆能力是大脑的优势能力。

声音类的记忆材料是指自然发生的各种声音，以及各种资料转化成的声音，比如音乐、有声读物等。声音也是感官直接感受到的信息，人类在进化过程中，接触声音的量仅次于图像，所以对于声音的记忆能力也仅次于对于图像的记忆能力。

文字类的记忆材料是指各种文字组合信息，记忆难度偏大。因为人类发明成熟的文字系统也就几千年的时间，所以文字并没有进入人类本能，需要后天努力习得。大部分人对文字本身的感受力很弱，对文字组合的理解力也很弱，对文字的记忆力就更加弱了。大脑处理不好文字，还会出现很多不良症状，比如阅读障碍症等。

数码符号类的记忆材料比文字材料更难以记忆。例如，几十个数字的记忆难度要远远高于上百字的文章。因为没有规律，也无法快速理解，所以只能机械重复记忆。机械重复的时候又受限于人的短时记忆容量，数量越多则难度越大，难度曲线由线性增长变为指数增长。

大脑天然喜欢情感类、图像类记忆材料，勉强能接受声音类记忆材料，但在现代社会中，需要记忆的内容大部分是文字、数码符号类材料。那么这些文字、数码符号类材料怎样会更好记一点呢？我们可以换一种思路，怎么才能让这些内容变得好记一点呢？

如果你能想到这一步，那么恭喜你，你的思路是对的。有一个记忆绝招就是把中文、英文、数字、符号等难记的材料转化成好记的、生动具体的图像或情感材料。而要做到这种转化，就需要我们拥有一种记忆的基础能力——想象力。所以，你知道想象力的重要性了吗？

2. 提升想象力

想象力有两层含义，第一层是在脑海中构建出图像的能力，第二层则是用脑海中的各种材料构建出新的事物或形象的能力。

（1）五感放大镜

想要在脑海中构建出图像，首先要有感知世界的能力。这就需要"五感"。"五感放大镜"就是在想象的空间中，夸大并细致入微地观察五种感官获得的信息。观察越细致，细节越多，抓住的特点也就越多，事物留在我们大脑中的印象就越深刻。

要留下更深刻的印象，就要多感官并用。观察一个物体时，不光要看到它，还要给它一定的语言描述，这样你就可以听到它。还可以想象自己伸手去触摸这个物体，调用触觉通道。甚至可以想象一下它的气味，尝一下它的味道，调用嗅觉和味觉通道。视觉、听觉、触觉、嗅觉和味觉，这就是"五感"。

运用"五感放大镜"可以为我们的大脑提供更多的想象素材，素材越丰富，我们就越容易构建脑海中的具体形象，也更容易创造新的形象。不光记忆力可以大幅提升，写作水平也会大幅提升。

提升想象力的方法有很多。比如日常生活中天马行空地想象，或者在学习中做图像化的思考。有人会问，看电视、电影或动画片有用吗？有一定的作用，但是在"观看"的过程中你主动想象的成分不大，所以对想象力的训练是不足的。更好的方式是通过看书去想象相关的画面和场景。

想象力的提升有没有量化标准呢？没有。但是根据我的教学实践，想象力可以划分成七个层级。我是第一个提出这种划分方法的人。为什么要这样划分呢？因为给这种虚无缥缈的能力设定一个可以评判的标准，有助于我们快速地提升想象力的水平。

（2）想象力的七个层级

第一层：模糊印象。好像有个东西在脑海里，但比较模糊，并不知道那是什么，就是隐隐约约感觉有个东西出现在脑海里。

第二层：想出轮廓。知道这个事物的大致轮廓，比如想象房子时可以意识到屋顶和房屋墙壁的基本轮廓，想象一台电视时可以看出一个方形的轮廓。

第三层：大致模样。事物有了大致样子，包括轮廓、大小、颜色、构成等。

第四层：想出细节。不仅知道这个事物的大致模样，对其中的细节也能想象出来，例如想象"猫"，不仅能想象出猫的轮廓、颜色、大小，还可以想象出猫的耳朵、眼睛、嘴巴、胡须等。

第五层：想象逼真。训练到这个层级，闭上眼睛可以感觉到想象的事物活生生地展现在自己的眼前，仿佛是睁开眼睛看到的一般。这是非常高的一层，需要大量训练才能达成。

第六层：想象动态而具体。不光想象出静态的逼真画面，还要想象出动态的感觉，仿佛在脑海中看到用所想象的事物拍摄而成的电影。

第七层：想象超越。想象的事物超越了事物本身，可能是非常夸张荒诞的，也可能是超越现实的。

所以，只需要按照标准去训练提升就可以了。

3. 形象词语想象法让文字充满图像感

提升想象力，就是提升我们构建图像和创造形象的能力。

形象并不一定指的是物体，还可以是动作、感情。在文字类信息中，形象包括了以下三个方面。

形象的名词，例如：大象、猪、狗、水、铃声、汽车、街道、蜗牛、螃蟹、蛇……我们很容易根据以往经验重现这样的图像，或者在脑海中创造一个对应的新形象。比如，我们可以想象出一个具体的苹果，并能够知道它的颜色、形状、大小以及味道等。在记忆的学习中，不能光看理论和别人的操作，重要的是亲身操作。现在就请你想象自己手上握着一个苹果，说出它的大小、形状、颜色和味道。

形象的动词，例如：打、敲、钻墙、锯木、扛、走路、唱歌、冲刺……我们很容易想象出某种事物或某个人做出此类动作。比如，当想象"打"这个动作，你脑海中有没有出现相关的动作？谁在打谁？由哪里做出的动作？怎么个打法？打的程度怎么样？被打的对象呈现什么状态？打得更强烈一点会怎样？

形象的形容词，例如：肥胖的、瘦小的、美丽的、高大的、快乐的、精美的、快速的……比如，我们想象"漂亮的"，脑海中出现了漂亮的人或者漂亮的物了吗？头发什么样，眼睛什么样，或者物体的色彩什么样？

所以，训练想象力，特别是与文字类型相关的想象力时，我们要学会把名词、动词和形容词迅速想象成生动具体的形象。

4. 极致想象——大脑虚拟现实

当想象力达到极致时，大脑里面的画面会像电影、动画或是虚拟现实游戏一样生动。其实，许多人都体验过这样的极致想象——做梦的时候可以创造出一种非常真实的场景。不同的是，在超强记忆中，我们要有意识地创造这样的真实场景。当然，这是一种非常高深的想象力，是需要大量训练才能获得的。

开始时需要做大量的静态图片训练，以便脑海中可以逐步呈现出眼前的图片。之后做静态空间想象的训练，使脑海中呈现的空间越来越真实。然后做动态空间想象力训练，想象立体空间以及其中的物件和人物的运动。经过不断刻意练习之后，会逐步具备空间动态想象力。

具备这种想象力之后的典型表现就是看小说时可以进入小说构建的世界里，亲历所有情节。

这种极致的想象力还可以用来帮助我们提升某一项需要长期练习的技能。有些顶级的运动员在进行某项比赛之前会对比赛过程进行充分的想象。比如有一位撑竿跳冠军表示，每次比赛前他都会仔细想象自己就在比赛的现场，想象自己撑竿跳的每一个具体细节，想象助跑时跑动的具体样子、撑竿的变化，想象越过杆子时的动作细节、坠落时的调整等。他甚至会想象自己在获得好的成绩后观众的呼声，想象有可能出现的突发事件和应对的方法。这些想象就像亲身经历一样，会在大脑中留下深刻的印记，从而帮助他得到临场发挥的好感觉。日常的训练加上想象中极其逼真的"训练"让他取得了无数的好结果。

美国报刊报道过的一项篮球实验也证实了这种极致想象带来的好成果。三组实验对象中，每天只是在大脑中想象练习罚篮的组跟每天进行实地训练罚篮组的命中率提升程度非常接近。极致想象训练可以带动全身心进入犹如现实的训练中，强化肌肉记忆，获得与真实训练接近的成果。

极致想象有时可以创造出科学上的一些奇迹。

美国发明家赫威一直困扰于自动缝纫机的针头设计。有一天，他梦见有一杆带着小孔的尖矛刺向自己，顿时有了灵感。于是，他在缝纫机的针头添加了小孔，这就有了自动缝纫机的完美设计。

19世纪，德国化学家凯库勒研究苯分子结构长期不得其解。有一天，他梦见一条衔尾蛇，于是代入了想象。经过研究，他发现苯分子的结构的确是交替排列、无限共轭的环状结构，解决了一大化学难题。

极致想象对于艺术创作也是非常好的帮手。画家达利正是以梦境和脑海中的想象开启了独树一帜的艺术人生。他常常坐在椅子上，放空大脑，任由自己进入一种逼真又虚幻的梦境中。他将一把钥匙挂在指头上，睡着时手便垂下，钥匙掉落地面，就把他拉出梦境，这时他就记录下刚才初入梦境的场景，以此作画，别有一番独特的艺术风味。

三、超强联想力

联想，简单而言是由一个事物想到另外一个事物。比如我们看到"森林"会想到"树木"，看到"树木"会联想到"小鸟"，看到"小鸟"会联想到"翅膀"，看到"翅膀"会联想到"飞机"，等等。

请你做个练习，看你能不能看到一个事物就用这种联想方式联想出很多事物。

比如，当你想到"太空"的时候会想到什么？

回答：_____

当你想到上面你填的词时，你会继续想到_____，接着你想到了_____、_____、_____、_____、_____……

如果你愿意，可以往后持续不断地写下去。在我们的训练营里，我们会专门安排半小时时间，让学员以最快的速度不停地往下写，这种方式叫作自由联想训练。在教练的督促和指导下，经过半小时持续不断书写，很多学员都可以写出几百个词语。你会发现，我们的大脑中已经存下庞杂的信息，只是平时没有契机提取出来。用了这种自由联想的方式之后，就可以不断提取出大脑中已有的概念。

当然，只是看书，你是很难有办法体验到那种开启大脑的感觉的，必须自己扎扎实实地实战训练才能换来真实的蜕变。

有人在做上面题目的时候发现写不下去，脑海中内容相当匮乏，写了几个就没有下文了，这是联想能力比较弱的表现。我们可以通过联想能力的开发来改善自己联想能力不足的情况。

1. 联想力拓展无限思维

联想分为相近联想、相似联想、相反联想、因果联想和奇特联想。

（1）相近联想

相近联想的"相近"主要是指时间、空间、心理上相近。比如，想到桌子就想到它旁边的凳子，这就是在空间上相近。空间相近常被应用于写景或者写物的作文中。按照一定的空间顺序进行描写，就很容易在读者的脑海中重构画面。比如，写一座亭子时，联想到亭子旁的植物、池子、小路等。相近联想还可以用作事物的分解、虚拟、加工、改造、重组，从而创造出更多的新形象。

（2）相似联想

相似联想就是想到在外观、结构、性质、组成方面相似的事物。比如想到铅笔就想到圆珠笔，它们在外观上相似。

相似联想可以帮助我们拓展思维，从而由此及彼、触类旁通，帮助我们对已有的事物进行模仿借鉴，对某些外观、结构、性质、组成等进行嫁接移植。

日本有位发明家想改造效率低下的锅炉却长期找不到方法，后来在翻阅小学课本的时候发现血液循环结构图，于是将血液循环结构图和锅炉结构模型图进行对比，发现心脏相当于汽包，瓣膜相当于集水器，动脉相当于降水管，静脉相当于水管群，毛细血管相当于水包……于是按此设计了新锅炉，大幅提升了效率。

还有发明家根据榨汁机联想发明了印刷机，根据炸面饼圈机联想发明了叉式升降机，甚至根据屎壳郎联想发明了一种跟屎壳郎活动形式相似的耕种机。

我们在学习一件新事物时通常会产生陌生感，如果我们发现了这件新事物跟我们以往接触过的事物有某些相似点，那么通过另一件事物来理解这件新事物，对新事物的理解难度就会下降很多。

（3）相反联想

相反联想就是想到在形态、性质、感觉上相反的事物，也叫作对比联想。这种联想会强化两件事物带来的对立感觉，感觉越强烈，在脑海中留下的印象越深刻。比如想到一个巨人的时候联想到一个小矮人，这是在形态上相反；想到一个胖胖的富得流油的有钱人和一个干瘦的乞丐，也容易让人瞬间产生强烈的对比感。相反联想在日常生活中是大量存在的，比如大小、黑白、上下、正负、真假、美丑、正邪、崇高与龌龊等。我们很容易从一件事物想到跟它相反的事物，或者由一个性质想到相反的性质。

（4）因果联想

因果联想就是由原因联想到可能的结果，或由结果联想到可能的原因。比如早上出门发现地上都是湿的，就联想到昨晚上可能下雨了，或者是洒水车在这里洒水了，这是由结果联想到原因。因果联想法是一种解决学习、工作及生活问题的好方法。我们在碰到一个问题的时候，可以多方位分析可能的原因是什么，这个问题可能的结果是什么，从而发散思维、打开思路，找到更多解决问题的方法。

（5）奇特联想

奇特联想是一种夸张、跳跃、荒诞的联想方法。奇特联想可以由任意一件事物以任意一种逻辑或者非逻辑的方式联想出另一件事物。世界上存在或不存在的事物都可以联想出来。我们训练创造力的时候，可以最大限度地打破思维局限，找到很多新奇的点子。比如有个发明家看到挖藕的人放了个屁，于是想到用压缩空气来挖莲藕，最后经过试验发明了用高压水枪挖藕的方法，大幅提升了挖藕的效率。

我们可以用奇特联想获得很多天马行空的想象。比如，我们想到天空的时候，没有任何理由地就联想到火焰，于是仿佛看到天空向大地喷火的样子。

2. 联想的感情色彩

不同的联想内容可能会带来不同的心理感受。

在一个民间故事中，有两个秀才去赶考，途中碰到了别人抬棺材。一个秀才从棺材联想到了倒霉的运气，结果考试的时候心里一直不安，果然没有高中。另一个秀才看到棺材，心里也咯噔了一下，但进而他联想到"棺材代表有官又有财"于是他带着平和而自信的心态考试，发挥了较好的水平，果然高中了。

所以，我们在联想中可以加上感情色彩，挖掘更多深层思想和情感。

积极联想，就是在碰到事情的时候联想到积极的一面。经常联想到积极一面的人，在生活中会比较乐观，总可以看到好的一面。

消极联想，就是在碰到事情的时候联想到消极的一面。消极的联想也并不一定就不好，有时候，消极联想的人可能会发现更多隐藏的问题，从而避免生活中发生更大的问题。

中性联想，就是在碰到事情的时候联想到不带感情色彩的事物。不受感情的干扰就更容易客观理性地看待问题。

3. 极致联想——万物互联

万物互联对于提升我们的创造力非常有效。世间任意两个或者多个事物都可以发生关联，或碰撞，或糅合，或重组，从而创造出新的事物。

有一种发明训练方法就是找来很多的事物，拿出任意两个事物来进行组合。比如，婴儿车与滑板可以组合成婴儿滑板车，勺子与体温表可以组合成可以测温的勺子，热水器与变色龙可以组合成可以根据温度变化颜色的热水器。

万事万物皆有联系，万事万物皆可互联。无论差异多大，总有共性。无论空间相距多远，总有一种关联。你可以用大脑中存在的任何一件事物，关联你需要记忆的新事物，这样就可以把新事物迅速拉进大脑。

四、超强绘画力

这里的超强绘画力，并不是指能够将任何事物画得惟妙惟肖，而是指能够根据记忆内容画出简单画面，用简笔画，甚至是简单的一些线条表达都可以。绘画只是辅助记忆，而不是进行创作，不能本末倒置。为了绘画的效果而花费大量的工夫，只会将事情变复杂，浪费大量的时间。

1. 绘画力为什么重要

把脑海中的画面直观呈现在纸上，不仅加深了理解，还实现了深度思考和知识输出。

在学习新知识后，讨论、实践并马上运用、教授给他人，这样主动学习可使知识吸收率达到90%。绘画的过程，就是将被动学习变成主动学习的过程。绘画的构思过程其实是在做自我讨论，绘制过程其实是实践并马上运用。这个构思绘画的过程比画面呈现的结果更重要，哪怕学习者只是用一些看不懂的线条表达自己想法，只要动笔画了几笔，知识吸收率就会大幅度提高。如果再按照自己所画的内容，向别人讲解一遍，则完成了教授他人的过程，也就是运用了费曼学习法，理解率、记忆率都会大幅提升。

2. 如何提升绘画力

（1）拥有绘画的信心

绘画是人天生就具备的能力，只是很多人不相信自己也拥有这个能力。很多人会找借口说自己从来没有学会画画，所以画不出来。其实不是的，只要会握笔，学过如何写字，就一定能绘画。

首先，我们必须破除自己不会画的想法，要对自己天生具备绘画力这件事情有信心。如果你此刻还没有信心，告诉你一个最简单的办法，把笔和纸先准备好就可以了。

（2）会基础的图形表达

如果你会画一条线，就证明你可以启动绘画力。一条线除了可以表达线条的概念，还可以表达棍子、面条、河沿、地面、树干、树枝、光线、物体的边界、分界等。

随意画一个圈，可以代表太阳、脑袋、硬币、盘子、气球等；随意画一个半圆，可以代表金龟子、盖子、碗、帽子、灯罩等；

随意画一个三角形，可以代表三角尺、红领巾、风筝、金字塔、灯罩、屋顶、彩旗、切好的西瓜、雨伞等；随意画一个方形，可以代表电视、电脑、窗户、豆腐、魔方、橡皮、砖头、门、桌面、床等；随意画一个梯形，可以代表手提包、挡风玻璃、古建筑屋顶、花盆的切面等。

还有一种像棉花糖一样的图形，它可以用来表达软绵绵的物体，比如天上的白云、棉花等，有时候也可以表达树木的枝叶以及卷卷的头发等。

（3）分析物体，将复杂物体分解成简单结构

将这些基础的图形进行组合就可以得到大部分的物体图像。

所以，为了绘出基本的物体图形，我们要学会对物体进行拆分。物体每个部分都能拆解成最简单的线条、圆、三角形、方形、棉花糖形。

举例，我们要画一个人，就可以用棉花糖表达头发，用圆表达脸蛋和眼睛、鼻子、嘴巴，用方形表达身体，用线条表达手脚。

学会分解的思维，就可以用这几个图形表达更多的事物。

将日常的事物和概念用最简单的图形表达出来，这不仅需要形象表达能力，还需要符号抽象能力——提取复杂物体的主要特征，转化为简单的图像。所以绘图力并不仅是形象表达的能力，也是抽象表达的能力。这就是在我的课堂上，我不要求学员画得非常逼真，而是要求他们用最简单的图形或者符号来表达的原因。只有综合运用抽象思维和形象思维，才能达到最优的学习效果。

3. 极致绘画——记忆大师画法

同样地，要成为记忆大师并不需要同时成为美术大师，只需要能够运用绘画方法辅助记忆即可。

比如，同样画一条龙，绘画大师画得活灵活现，花费了1天的时间，一个月后，他还记得自己画了一条龙，但是细节大多遗忘了；初学者画得较为潦草，花费了5分钟的时间，但是一个月后就忘记了自己画的是龙还是虫；记忆大师画得最为简略，可能只是画了一条弧线，但是一个月后依然记得自己画了一条龙。对比来看，记忆大师画法花费的时间更少而记忆保持的时间更长。

究其原因，在于记忆大师的画法更能抓住重点，能够将绘画的优势与记忆结合起来，取其神而忘其形。推而广之，记忆大师在标记一段文字或一本书的重点时也表现得更为出色。他们更加擅长抓取关键词，而且懂得如何在阅读的过程中主观地保持新鲜感。

当熟练运用记忆大师画法之后，甚至不需要纸笔，直接用手指在空中随着记忆的过程勾画一些简单的线条就可以大幅增强记忆效果。而这，就是极致绘画。想要达到这一水平，仅仅阅读这本书是不够的，还需要持续地刻意练习。

五、超强简化力

1. 简化力为什么重要

人的大脑喜欢记忆简单且量少的东西，而不喜欢记忆复杂而量大的东西。为了迎合大脑的喜好，我们需要对复杂的东西进行一定的简化，让大脑易于接受。另外就是把内容由多变少，大幅减轻记忆负担，减少心理排斥，让人乐于接受，让行动变得积极主动。

所以，想要记得越多，就要记得越少！简化是手段，可以用压缩简化和逻辑推理简化的方法帮助记忆。

2. 如何提升简化力

简化力的提升需要有简化的意识和方法。

第一，要有简化的意识。意识指导行动。如无简化意识，会无脑地按部就班记忆，而不考虑是否需要简化。启动简化意识的方法就是，只要觉得内容多就开始简化。

第二，要有简化的方法。简化的方法有很多，比如找规律、找顺序、找共同点、做对比、推理、分类、提取关键点等。

（1）找规律

找规律可以大幅简化记忆。很多现行的记忆术都注重右脑图像记忆而忽略了左脑也具备强大的记忆能力。启动左脑，找出信息的规律，按照规律来记忆。这种方式不仅有利于记忆，也能将知识灵活应用。

例：句子的主要成分是主语、谓语、宾语、定语、状语和补语。

我们可以找出这样的规律："主干主谓宾、枝叶定状补，定在主宾前、按序状谓补。"记住这规律，划分句子的成分就变得简单了，在写作中也可以避免犯句子成分上的错误。

（2）找顺序

顺序可以让大脑形成顺推或者逆推的思维，用推导的模式代替记忆的模式。我们面对的很多信息都是零散、没有规律的，有些时候我们可以从信息中找到一定的特点，然后用这个特点为我们需要记忆的信息排序。

例：我们要去买东西。

黄豆、芝麻、西瓜、鸡蛋、橙子、菠萝、葡萄、大米

可以从小到大排序：芝麻、大米、黄豆、葡萄、鸡蛋、橙子、菠萝、西瓜。

你只需要按照从小到大的模式去一个个推导，就可以顺利推导出刚才记忆的所有采购内容。是不是简单多了？找顺序也是有技巧的，常见的顺序有时间顺序、空间顺序、逻辑顺序等。

时间顺序，就是按照时间发展排列的顺序。最常见的是春夏秋冬、月份、星期、早中晚等。当然，事物的发展变化中也隐藏着时间顺序，如人物成长、动植物成长、历史发展、产品生产等都是按时间顺序进行的。碰到类似的记

忆材料时，可以考虑采用时间顺序来记忆。

空间顺序，就是按照一定的空间方位来安排的顺序。最常见的就是从左到右或从右到左、从上到下或从下到上、从前到后或者从后到前、从远到近或从近到远、从内到外或从外到内、顺时针或逆时针等。

逻辑顺序是指事物或事理的内部联系以及人们认识事物的过程。常见的逻辑顺序有以下几种：从原因到结果或从结果到原因、从主要到次要或从次要到主要、从整体到部分或从部分到整体、从概括到具体或从具体到概括、从现象到本质或从本质到现象、从特殊到一般或从一般到特殊。

学会按照顺序去编排记忆的内容，内容将会变得有序，从而更好记忆。同样，从需要记忆的各种内容中找到顺序，也能让我们的记忆和回忆变得简单。所以，在记忆之前，要先分析一下是否能找到对应的顺序来简化自己的记忆。

找顺序除了帮助我们提高记忆效率，还可以指导我们的写作。我们可以按时间顺序、空间顺序、逻辑顺序编排我们的写作内容。

（3）对比知识，找共同点，区分不同点

对相似但又有所不同的知识点进行记忆时，找到相同点，然后区分不同点，就能一次性记忆大量知识点，并且不易于混淆。在寻找相同点与不同点的过程中，我们对事物的认识也会得到进一步加强，从而使我们学习得更加灵活，更易于实现知识的迁移。知识点的迁移是指之前学习的知识可以在未来碰到其他情况时运用出来。

例：汉字"赢 yíng、蠃 luǒ、羸 léi"。

相同点都是"亡、口、月、凡"，不同点就在于下部中间的字。我们只需要发挥一点联想，可以是逻辑上的有文化渊源的，也可以是自己创造的意义，就能记住它们。比如，"赢 yíng"的"贝"是远古的钱，你可以想象赢钱，或者赢了一个贝壳也可以。"蠃 luǒ"的"虫"就代表这个字跟虫相关。由"羸 léi"的"羊"想到羊在食物链的下端，很羸弱。

例：地球的陆地面积是 1.489 亿平方千米，而刚好太阳与地球的平均距离是 1.496 亿千米。

地理中有许多容易混淆的数据。如上例中的两个数据就相当接近。我们发现，1.4 亿是它们的共同点，重点区分后面的数字 89 和 96 即可。

我们在学习英语单词的时候，也会碰到很多单词拥有相同的组成部分，当我们把这些单词放到一起记忆的时候，可以一次性记住所有单词的相同部分，然后对不同的部分进行区分。

例：回家路上。

走在回家的 way（路），

发现了一堆 hay（干草），

于是爬上去 play（玩），

真想长时间 stay（停留），

很快度过了 day（一天）。

共同点就是每个单词都以"ay"结尾，那么我们只需要迅速记住"ay"结尾的特点，然后区分前面不同的字母跟中文意思之间的关系就可以了。

（4）推理

推理就是通过一个知识点推导下一个知识点，依次推出需要的知识体系。比如，我们可以在大量知识中推导出一些关系，将它们连成一线。

例：bear *n.* 熊，卖空的人；*v.* 承受，忍受，不适合做某事，生孩子。

我们可以推理一下，"熊"是一种动物，"熊市"是指证券市场下行，所以有很多卖空的人，他们要"承受"风险，亏了也要"忍受"，忍受不了说明"不适合做某事"，"不适合做某事"就意味着赚不到钱，然后没有人愿意给他"生孩子"。

学习数理化时常常需要使用推理。数理化知识对应的题目类型千变万化，不可能通过记忆题目去完成学习与应用。我们需要对基础知识点的概念、定义和原理非常清楚，同时也要对知识点之间的关系非常明确。由一个知识点推理出下一个知识点，掌握了推理过程就能轻易记住各种原理和推导出来的结论，即使忘记其中的某些部分，也能重新根据已有的内容推导出来。

（5）分类

分类可以简化记忆。

例：狮子、苹果、老鼠、大象、梨子、桌子、葡萄、猫、碗、杯子、西瓜、骆驼、筷子

面对这种混乱信息，需要对其进行分类，厘清从属关系，再通过排序来

简化记忆。以此编排成以下的信息分类：

动物：老鼠、猫、狮子、骆驼、大象；

水果：葡萄、苹果、梨子、西瓜；

家庭用具：杯子、碗、筷子、桌子。

这个时候看着是不是要比上面的信息清晰而且容易记忆得多了？

（6）提取关键点

当学习的信息量很大的时候，我们要学会先提取关键点。比如，学习一篇文章的时候，首先提取文章的题目、中心、各层次主要信息点等。先提取出框架，理解之后，再进入细节，这样就能实现简化的目的。再如，分析中英文长难句子的时候，也是先提取出主谓宾这几个关键点，再分析其他的句子成分，这样就能更好地理解和分析。

第五章

超强记忆的八大核心方法

CHAPTER 5

记忆的方法有很多，而评判一个方法好不好，主要可以从以下三个方面来进行。

第一，是否有效果。有效果比有道理更加重要。使用了记忆方法之后，记忆的速度有没有提高一点，记忆的量有没有多一点，记忆的准确度有没有提升一点，记忆保存的时间有没有长一点？如果答案是肯定的，说明方法有效果。

第二，是否简单易学。有些方法处理步骤繁杂，而且需要的专业程度很高，这样的方法对于研究者或者竞赛者级别的使用者而言也许很管用，但是对于初学者或者训练级别比较低的人而言就比较难以掌握。也不是说这样的方法不好，只是对初学者和水平不高的人适用性不强而已。所以，特别是对大众而言，方法要简单易学，一学就通，这样才利于入门和实现基础的应用。

第三，方法应用范围是否明确。我们都知道，方法就像工具，每个工具都有适用的范围。有些方法较为基础，它们的适用性可能会广一点。例如想象的方法，基本可以应用到对任何形象词语的记忆之中。有些方法针对性较强，只能应用于某一类，甚至某一个知识点。

通过多年教学实战，我总结出了以下八大简单易学的方法：形象记忆法、配对联想法、画图法、故事情景法、超级锁链法、超级定位法、记忆宫殿法和压缩饼干法。此外，这八种方法还可以叠加使用，以达到优势互补的效果。

一、形象记忆法

1. 形象让记忆更生动

（1）形象可以增强记忆

形象记忆，就是在记忆的时候想象出对应的形象，通过形象增强记忆的印象。形象不仅指物体、图片，还包括声音、味道等各种与感觉相关的内容。

形象不仅可以是静态的，也可以是动态的。

形象记忆法可以运用于所有记忆领域，尤其适用于记单词。比如，中文"大象"和英文"elephant"表示同一个东西，这个东西长着长长的鼻子和大大的耳朵，往往还有两颗大獠牙。当我们看到这个东西的时候，中国人把它叫作大象，英国人把它叫作elephant。所以在记单词的时候，抓住单词的形象，就抓住了语言的本质。用你的五官去感受一下大象的形态、声音、动作，你的记忆就会更深刻。

所以我们在记外语单词的时候，最好用形象记忆。具体的操作就是在念一个单词时，脑海中直接浮现这个单词所表达的形象。如果这个单词是名词，就想象物体的形象；如果是动词，就自己操作一下动作；如果是形容词，就自己想一想感觉。比如，读"door 门"的时候，大脑里浮现一扇门的形象；读"catch 捉"的时候，大脑中浮现捉的动作；读"lovely 可爱的"的时候，大脑中浮现一个可爱婴儿的形象。这样直接从外文反应出对应的形象是什么，会大大加快听读外文时的反应速度。

形象记忆也能加强我们的理解。比如卢瑟福在描述原子模型的时候，就用了一个类似于太阳系的模型，形象生动地表现出了原子内部结构，将肉眼不可见的原子内部原子核和电子的关系表达得一目了然。

（2）夸张荒诞更好记

应用形象记忆时，把图像想象得越幽默、越夸张就越好记。可以运用体积夸张法、数量夸张法、生命夸张法、状态夸张法等。

方法一，体积夸张法。

想象体积变大变小。比如想象出教室那么大的蚂蚁，甚至地球那么大的蚂蚁。一定要自己去想象，才能深有体会。也可以把庞大的物体想象成很小的物体。比如把大象想象成像蚂蚁那么小。也可以局部体积夸张，比如想象针尖上站着好多天使。

夸张不仅能帮助我们构建一个个奇特的形象，还能激发一种与众不同的奇特感觉，让大脑瞬间记住这些信息。

方法二，数量夸张法。

想象数量变多变少。比如"elephant 大象"，如果只有一只，可能很快就跑出了你的脑海，你翻遍大脑也找不到，但如果有一群大象在你的大脑里，哪怕跑了一只，是不是还有很多只呢？这样是不是不容易忘记了呢？

当然也可以反着用，把多的变少。比如一块大大的草坪上只有一棵草。

方法三，生命夸张法。

生命夸张法，主要是把没有生命的事物变成有生命的，从而使其更加形象生动。比如你可以想象铅笔长出了手脚，在书本上跳舞，或者想象战斗机和坦克都长出了眼睛，在到处寻找敌人。

当然，我们也可以反过来用，把有生命的事物想象成没有生命的事物。比如你可以想象天空飞翔的小鸟变成了雕塑，河里的鱼儿都变成了水雷等。

方法四，状态夸张法。

状态夸张法，就是把事物的状态想象得夸张一点。比如流鼻涕，可以想到黄黄的、黏黏的浓稠状液体从鼻孔中流出来，摸一下、闻一下、尝一下。印象是不是特别深刻？

比如，看到"大象"这个词，可以想象大象看到蚂蚁时惊悚的模样，用鼻子朝着蚂蚁胡乱拍打，四只巨大的脚不停地踩着地面。也可以想象大象在那里慢慢跳绳的动态感觉，或者是一群大象在狂奔。还可以想象这些大象是迷你象，或者是穿着衣服在桌子前吃饭的大象，或者是满身发着红绿光芒的大象，或者是长出了翅膀正在飞翔的大象，又或者是恐怖的半身都是白骨的大象……

下面练习几个词语，对它们进行奇特的想象吧！

飞机、花篮、厨房、植物、贝壳

2. 抽象转形象法让知识皆具形象

那些不容易令人想到图像的词，称作抽象词。为了应用形象记忆法，我们需要将抽象词转化为形象词，进而变成图像。具体来说，有四种方法：谐音法、替换法、拆分法和组词法。

（1）谐音法

如果材料本身是有意义的，那么我建议大家不要使用谐音而是抓住意去强化记忆。如果材料是没有意义的，用不用谐音对原文都没有影响，那就可以用谐音法。谐音法是借由声音的相似来处理信息，将没有意义的事物的发音变成对自己而言有意义的事物的发音。有意义的信息比无意义信息要更好记。

举例：847890264这一串数字看起来没有规律和意义，我们把它谐音成"八士骑马，酒瓶儿流失"就有意义了，也好记多了。

谐音法的运用有三个重要原则：读着有意义、谐音之后很容易出现图像感、谐音之后与相关内容联想方便。

用谐音法记忆人名、地名时的要点：只听音，不看字；声韵可变调可变。也就是当你使用谐音法的时候，不要去看字是怎么写的，只需要听音是什么样的，然后像做听写题一样写出你理解的内容。比如，当听到 shumu 这个音的时候，你想到了什么？或许是：数目、树木、书目、叔母、鼠目……

谐音法还有更加高级的技巧——声母与韵母的灵活变化。

比如，14，一般读作 shísì，可是按照这个读音能找到的形象比较少，那么我们可以将它拆为两个数，1和4。1可以读 yī，也可以读作 yāo（幺）；4读作 sì，可以变换声母后谐音为 shi。所以，连起来可以读作 yāoshi，这就能令人联想到一个形象——钥匙。在这个案例中，我们变的是声母和韵母。

再如，78，（拆分开的）读音是 qībā，但是这个音对应的图像少，所以我们可以尝试变声母和韵母，于是很自然地想到了 qīngwā，将7的韵母由 ī 变成了 īng，将8的声母由 b 变成了 w，这就谐音成了青蛙。是不是非常形象生动？

记忆是编码、储存以及还原的过程，所以大家一定要注意谐音之后的信息要跟原来的信息建立对应关系，要保证原来的信息能很好地还原出来。

（2）替换法

某些抽象词能让我们联想到与其意义相关的形象事物，那么我们就选取一个相关的事物替换这个抽象词，这样的方法就称为替换法。当记忆完成之后，再将这个事物还原成原来的抽象词。比如，"魅力"会让我们想到：香水、眼睛、脸庞、身姿、演讲现场等。

现在测试一下，看到"玲珑"的时候，你会想到什么相关的事物？

如果想不出来，可以借助相关事物三角形帮你拓展思路。相关事物三角形，就是当你看到有意义的抽象词时，想一下有没有相关的人、相关的事物、相关的场景。

马上做练习，让你的思路更有逻辑。与"玲珑"相关的人、物、景分别有哪些？

再练习一下，与"谨慎"相关的人、物、景分别有哪些？

在写作文时，也可以运用相关三角形，但要调整三个角的内容为人、物、理。举个例子，当以"愿景"命题作文时，尝试想一下与"愿景"相关的人、物、理有哪些？下面是我的想法。

相关的人：企业领导、企业员工、学生、父母、自己、朋友，甚至是古代的一些人物，如曹操、诸葛亮、文天祥等。

相关的物：国家、民族、森林、空气、水、花、太阳、月亮、车……

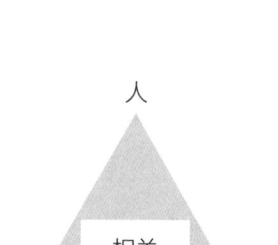

相关的理：追求、描绘、评判、超越、落实、拒绝等。

这种方法可以在缺乏灵感的时候为你提供一些切入点。

（3）拆分法

拆分法，就是把词语拆成几个字，在这几个字中寻找图像，或者再分别组词找形象。

例如，将"抽象"拆分成"抽"和"象"，然后给"抽"和"象"分别组词，可以得到"抽打"和"大象"，合起来就是一个形象生动的画面——"抽打大象"。

再如，将"危机"拆成"危"和"机"，分别组词，变成"危险"和"飞机"，合起来就是一个形象生动的画面——"危险的飞机"。

（4）组词法

组词法，就是在原有的词语上面加上一个字或者一个词，把原来抽象的词语变成形象的词语。例如："信用"，可以加字组词成"信用卡"；"福利"，可以加字组词变成"福利院"，或者加一个词变成"福利彩票"。

（5）综合应用：转换四叶草

四种方法组合在一起，形成了一个非常幸运的图案——转换四叶草。

转换四叶草的使用方法很简单，在中间的圆里面写上要转换的词语，四片草叶就代表着四种转换的方法：谐音、替换、拆分、组词。把圆中的词语分别用这四种方法处理一遍，总会找到合适的转换结果。

例如，我们要转换的词语是"自由"，那么就先把"自由"写在四叶草的中心圆里面，然后依次使用谐音、替换、拆分、组词四种方法去处理。当然，当你熟练应用了之后，从哪个叶片开始处理效果都是一样的。

通过谐音，可以想到"自游"——自驾游，或者"籽油"——菜籽油。通过替换，我们可以把自由替换成在那里自由自在地玩耍，或者是天空中自由飞翔的小鸟。通过拆分，我们可以把"自由"拆分成"自"和"由"，"自"可以是自己，"由"可以谐音成"油"，你可以想象自己在抹油；或者想象"自"是自行车，"由"是"路由器"，组合在一起就是，自行车装了路由器。通过组词，可以想到"自由女神"或者"自由泳"。

最后我们形成了下面的这张图，你可以从中任意选择一个自己喜欢的作为转换的结果。

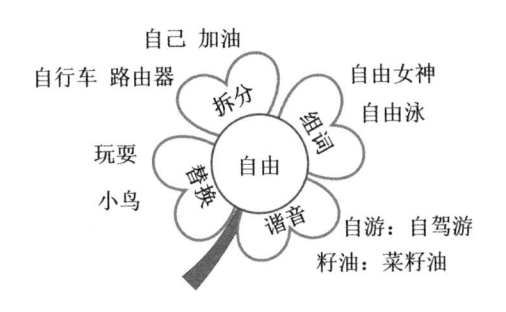

举例是为了让大家充分了解各个叶片的转换方法。如果是刻意练习，可以把四个叶片都充分使用起来，以提升自己的记忆能力。但是作为日常应用，如果你的目的只是迅速找到一个合适的转换结果，可以只选择其中一个叶片的方法进行转化。而具体选哪个叶片因人而异，自己熟练哪个就用哪个，或者哪一个很明显可以快速出结果就用哪一个。

（6）活学活用

记住，方法是很灵活的。本书中列举了很多方法但并非每一个方法都需要被用到，你可以理解为这是一个工具库，可以让你迅速地找到可以应用的方法。

还有人会问，是不是每个抽象的信息都要用这些方式转化成形象的内容呢？并不是的。我们学习要活学活用，学到根本、精髓的地方。

转化的核心就是：

◎将不熟悉的转化成熟悉的；

◎将不理解的转化成能理解的；

◎将繁杂的转化成简单的；

◎将不容易记忆的转化成容易记忆的。

强调一下，我们转化的目标是符合以上的转化核心，创造出更加易于记忆的信息，并不是要大家强行去转化。如果一个抽象的信息本身就是你非常熟悉的，或能理解得非常好的，或不需要转化也能够快速而熟练地记住的，这样的抽象词是不需要进行转化的。如果你的理解力很强，你也可以用理解的方式将抽象的内容直接记住。

二、配对联想法

1. 配对联想维系记忆纽带

超强记忆，就是用逻辑或者非逻辑的方式使要记忆的事物产生相关联结的艺术。我们要将很多事物记在脑海中，最好的方式就是让它们相互关联起来，或者跟大脑中已有的事物关联起来。

（1）什么是配对联想

运用配对联想，我们可以把两件事物联结起来，所以配对联想在很多地方也被简称为联结，意思就是将两个概念关联到一起。

配对联想就是把两个事物关联到一起。把两个事物关联到一起有很多不同的方式。可以运用机械记忆的方式，不断重复这两个事物，让它们通过语音关联到一起；可以是意义上的联系，找到彼此意义上的关联；可以是关系上的联系，厘清彼此是什么关系；也可以是图像上的结合；当然还可以是各种创造出来的关系，将两个毫无关系的内容联系起来。

（2）为什么要配对联想

为什么要做配对联想的训练呢？因为配对联想可以帮助我们提升记忆能力。两个概念的配对联想是所有高级别记忆技巧的基础。我们具备了两个概念的配对联想能力之后，就能迅速拓展出第二个概念和第三个概念的配对，进而可以依次两两配对，从而形成一条非常长的记忆锁链。这种记忆锁链在本书体验部分介绍过，叫超级锁链。还有一种方式，就是脑海中已经按顺序储存着很多的概念，这些概念每一个分别和一个新的概念配对联想到一起，就可以依靠原有的这些有顺序的概念记住一批新的概念，这种方式叫作定位。

不管是超级锁链的方法，还是定位的方法，都需要具备基础的配对联想的能力。下面我们就从基础训练开始，让自己具备这种配对联想能力。

例：鲸鱼—锅巴

面对这样两个概念，配对联想的具体思路有很多种，比如：鲸鱼在啃锅巴、鲸鱼炒锅巴、鲸鱼撞碎一大块锅巴、鲸鱼和锅巴跳舞……但凡能想到的有逻辑、没有逻辑、平凡的、夸张的方式，都可以应用到配对联想中来。配对联想的强度越强，联结就越紧密，所形成的记忆就越深刻。

（3）配对联想的窍门

配对联想的窍门就在于：形象、夸张、荒诞、卡通。

形象，就是指两个概念要变得图像感强一点，而且它们之间发生的关系也要图像感强一点。

夸张，就是两个概念在配对的过程中动作要尽可能夸张，形象感也要尽可能夸张。

荒诞，就是配对的过程不可思议，或非常搞怪，让人有意想不到的感觉。

卡通，就是让概念拥有生命，在联想的过程中两个概念不是死板地待在一起，而是有所互动。

（4）常用配对技巧

把两个看似毫无关系的事物配对起来，有一些常用的配对技巧。

第一类叫理解关系。也就是理解为什么两个事物之间是这种关系，或者分析一下两个事物之间有什么共同点。比如在看到单词"mooncake 月饼"的时候，我们就要理解一下为什么 mooncake 是月饼。moon 是月亮，cake 是蛋糕，中秋月圆的时候吃的圆圆的像蛋糕的东西就是月饼。

第二类叫创造关系。常见的创造关系有三种：组合联结、动作联结和中介联结。

第一种，组合联结。简单地说，就是将两个要联结的事物直接组合在一起，即合二为一。比如狮子和人组合在一起就得到了狮身人面像，马和人组合在一起就得到了半人马，老虎和翅膀组合在一起就得到了一个成语——如虎添翼。

第二种，动作联结。就是想象出两个事物的图像，让图像之间发生强烈的动作，这样，一个物体就自然对另一个物体产生了作用，彼此产生接触的部分也联结在一起了。

第三种，中介联结。就是通过第三件事物将两件事物联系起来，就像卖房跟买房的人通过中介联系到一起。警察和小偷可以经由一个手铐联系到一起：警察用手铐铐住小偷。

下面请大家做些练习，每一个练习都要求在一分钟之内说出尽可能多的配对联想方法：

苹果—大树、大树—青蛇、青蛇—汽车、汽车—女神、女神—矿泉水、矿泉水—老虎、老虎—日历

当你做完上面的练习之后，你会发现虽然每次你都只关注其中的两个，但你最后却能将这些词组从第一对一直回忆到最后一对。所以想要记忆好，

第五章
超强记忆的八大核心方法

需要具备的基础能力就是能够将任意两个信息关联在一起。

（5）动作联结的七个层级

在所有的配对联想方式中，动作联结是我们在记忆竞赛中用得最多的方式，这种方式简单易操作，最受选手喜欢。

动作联结有七个层级，这是我率先提出的评判方法，目的是让大家在训练的过程中能相对量化地知道自己训练的深度。因为强化动作联结是所有图像记忆的核心秘诀。动作容易发生，而且带有动态感，能直接使两个信息产生关联，所以在世界记忆大师的记忆体系中，这是最重要的一种联结模式。

第一层：想出有两个东西存在。

第二层：想出它们挨在一起。

第三层：想出它们做动作。

第四层：想出动作的作用效果。

第五层：想出作用后的感觉。

第六层：想出两个物体更加夸张的动作和感觉。

第七层：强烈的动作和感觉瞬间合二为一。

很多人在训练配对联想的初期会觉得操作很麻烦，就像刚开始学开汽车也会觉得很麻烦。但是随着开车次数不断增多，你会感觉不到自己的各个动作，因为各个动作已经可以无意识地操作了。

（6）联结强度

最后说明一点，不同的模式对应的联结强度是不同的。

如果两件事物本身就具有强逻辑关系，自然就可以联结得很牢固。比如，"夜晚—星星"就是一个非常直观的强逻辑联结。夜晚很容易跟星星联系在一起，想到夜晚自然就能想到星星。

有一些事物之间的逻辑关系比较弱，需要绕弯子才想得出两者的关联。比如"大海—饭店"：大海里有海鲜，海鲜送到了饭店。

还有一些事物，你很难想到它们之间是有逻辑的，需要跳跃性地想象。比如"表情"和"火星"，没有任何的逻辑关系。如果非要找逻辑，要绕很多弯子，比如由表情想到人，由人想到宇航员，由宇航员想到探索，进而想到探索火星。如果要快速产生联结，只能通过跳跃性的想象，比如把表情刻在火星上。

这种不符合常理的跳跃想象在少量使用时给人的刺激是很强烈的，可以让人瞬间记住两个词语。但因为不合逻辑，所以后期回想时不是很自然，容易遗忘。

我们大脑中最强大的联结是结合了逻辑、图像与自身情感的联结。我们在联结信息的时候，如果能够深刻理解其中的逻辑关系，赋予联结以一定的图像，融入切身感受，那么这样的联结才是比较强大的。

2. 配对联想让知识关联起来

配对联想对于各个科目的学习有什么用呢？作用可大了，考试中单选题、多选题、简答题都可以用配对联想的方式记忆。

做配对联想时还要结合我们的理解做些信息转化，人为地创造一些逻辑的或者非逻辑的关系。记住，我们的目的不是创造这些关系，而是用创造的这些关系帮助自己更好地记忆信息。

很多人诟病这种自己创造逻辑和非逻辑配对联想的方法，认为这些方法有悖于我们的逻辑，会干扰我们的正常思维。这种担心也是合理的，因为我们从小接受的教育就是思考要符合逻辑。但是在实际操作中，我们发现这种非逻辑的联想并不会损害我们的逻辑，就像看《猫和老鼠》动画片里面那么多夸张的动画不会影响我们对正常世界的感知一样。

下面我带大家体验一下如何用逻辑与非逻辑的方式来创造信息的配对联想。大家看的时候不要在意这种转化是否符合逻辑，也不要在意语句是否通畅，是否有语病。构建配对联想的目的是实现两个信息间的联结，只要能联结，无论用什么样的方式都可以。

例：中国古代十大悲剧。

关汉卿——《窦娥冤》

处理：关汉卿，根据情景转换为关旱情，也就是关到旱情严重的地方。

配对联想：窦娥真冤啊，被关到旱情严重的地方，所以才导致六月飞雪。

第五章
超强记忆的八大核心方法

纪君祥—《赵氏孤儿》

处理：纪君祥，根据孤儿的含义，可以拆分组词，转化为（纪）继父是君王才能吉祥。

配对联想：赵氏孤儿的（纪）继父是君王。

高明—《琵琶记》

处理：琵琶记，边弹琵琶边记忆。

配对联想：一个很高明的人边弹琵琶边记忆。

马致远—《汉宫秋》

处理：马致远，字面意思可以想成马跑到很远的地方；汉宫秋，就是汉宫的秋天到了。

配对联想：马跑到很远的地方，跑到汉宫的时候都已经是秋天了。

洪昇—《长生殿》

处理：洪昇谐音红参，长生殿不用转化。

配对联想：长生殿里堆满了红参，所以里面的人都很长生。

孔尚任—《桃花扇》

处理：孔尚任，谐音转化为孔子上任。

配对联想：孔子上任的时候扇着桃花扇。

冯梦龙—《精忠旗》

处理：冯梦龙，谐音转化为每逢梦到龙的时候。

配对联想：每逢梦到龙的时候，都会挥动精忠旗。

孟称舜—《娇红记》

处理：孟称舜，谐音转化成"做梦吧，还自称是舜帝"。

配对联想：做梦吧，还自称是舜帝，看你脸娇红的样子根本不像。

李玉—《清忠谱》

处理：李玉，翻转过来，玉李，联想为玉里面。

配对联想：玉里面刻着清忠谱。

方成培—《雷峰塔》

处理：方成培，谐音成方程赔。

配对联想：用方程计算雷峰塔的造价，发现赔钱了。

有些同学可能会问，怎样一个不落地记住这十个信息呢？我马上就会教给大家记忆法里面非常厉害的绝招之一——超级锁链法。

配对联想实战训练题。

A. 语文基础常识：常见借代词语。

桑梓—家乡、烽烟—战争、桃李—学生、巾帼—妇女、社稷—国家、须眉—男子、南冠—囚犯、丝竹—音乐、同窗—同学、婵娟—明月

B. 记住下面的作品和对应的作者。

《巧凤家妈》—彭慧、《康熙大帝》—二月河、《春回地暖》—王西彦、《柳伞》—刘绍棠、《沙面晨眺》—秦牧、《筏子》—袁鹰、《白夜》—丽尼、《丰饶的原野》—艾芜

C. 地理之最。

最大的洲——亚洲；最小的洲——大洋洲；最大的洋——太平洋；最小的洋——北冰洋；最大的沙漠——撒哈拉沙漠；最深的湖——贝加尔湖；最长的河——尼罗河；世界降水最多的地方——乞拉朋齐；最大的岛屿——格陵兰岛；最大的半岛——阿拉伯半岛；最大的群岛——马来群岛；火山最多的国家——印度尼西亚

三、画图法

1. 画图法让思维可视化

画图法，就是利用画图来帮助自己提高记忆效率的一种方法。

比如，为单词画个小简图有助于加深印象，为古诗词画图也会加深印象。从实战经验出发，一定要自己画图。画图时融入自己的思考，将思维过程呈现在纸面上，这也叫思维可视化。

画图有五个层级。

第一层：看到一个词或者几个词可以画出对应的图像。

第二层：看到一个句子可以画出对应的图像。

第三层：看到短文可以画出对应的图像。

第四层：看到篇章甚至全书可以画出对应的图像。

第五层：看到任何的知识点都可以画出对应的图像。

2. 三重准备熟练运用画图法

（1）从心理到行为破除画图障碍

很多同学刚开始接触画图法就给自己设限：我不懂画，我不会画，我画不好，我画得太丑了看不下去……这些同学给自己找了很多借口，不去动笔绘画。其实，这些问题都是自我设限。

突破限制是需要勇气的。想要突破画图的诸多障碍，首先要勇敢拿起画笔和画纸，敢于先画出来。

为了让所有人都能画出来，我为大家准备了一个绘画案例。看完这个案例你就会豁然开朗了。

比如，我们要画巴黎铁塔。

A图是学画前的绘画水平，B图是学画时的绘画水平，C图是成为助记图绘画大师后的绘画水平，D图则是成为记忆大师时的绘画水平——这叫只求其义，不求其形了。

画图法作为辅助记忆最简单实用的方法，其目的不在于创造精美的图画，而在于用精简的图画帮助你理解和记忆你需要记忆的知识。很多时候，只要几条线就能把意思全都表达出来，这样速度又快，也不用局限于画的层面。

跟我学习的学员大都掌握了这种画图记忆的精髓。经常有家长惊讶，都不知道孩子在画些什么，但是孩子画完之后就背好了。所以我们画的图只需要自己能读懂就可以了。你画的图只与自己的理解与表达有关，与他人的审美无关。

当然，你觉得时间很充分，想画得精美一点，也可以画作品型的记忆图，也就是可以当作品一样收藏起来的图。

（2）读懂内容，挑选关键词画图

先要读懂内容，再选取适当的方法来辅助记忆。画图法是一种最简单的辅助记忆方法，简单到只要能动笔，就一定会对记忆产生促进作用。

那画图的时候一定要把所有的内容都画出来吗？不是的。全画出来一是难度较大，二是浪费时间。为兼顾效率与效果，我们一般会从材料中选取部分关键词来画图。选取的原则有三个。

第一，好出图。选出的关键词要便于用最简单的图形呈现。

第二，好回忆。关键词的作用是形成回忆的线索，也就是提取了关键词之后，能由关键词轻松回想起对应的知识点。

第三，数量合适。提取的关键词过多，就增加了关键词的记忆难度；提取的关键词过少，则增加了由关键词要还原的内容的量。

（3）储备平日记忆需要的常见图形

平时要自己储备一些常用的图形，可以是简单的，也可以是精美的，按照一定的分类规则把它们汇聚在一起。亲自动手画的图才是对自己的记忆最友好的。我在记忆古诗词的时候会就一些常见的意象画图，大家可以参考一下我的做法。

古诗词常见意象之太空

宇宙	银河	日	月	星

第五章
超强记忆的八大核心方法

古诗词常见意象之天气

天	云	雷	电	雨

雾	风	雪	冰	热

古诗词常见意象之自然景观

山	河	湖	海	漠

原	林	涧	瀑	岛

古诗词常见意象之常见生物

花	草	树	木	藤

续表

虫	鱼	鸟	兽	蛋

古诗词常见意象之人物

人	王	将士	女	童

古诗词常见意象之心情

开心	难过	愤怒	悲哀	恐惧

古诗词常见意象之建筑物

屋	楼	塔	亭	城

3. 步步为营，画图法实战分解

（1）画图法记古诗

画图法记古诗记得快、记得牢，还能加深对古诗的理解。

第五章
超强记忆的八大核心方法

画图法记古诗三大要点：

第一，画名词为主，画完一句马上记住这一句。

第二，在图像旁边对应的位置写相应的文字。

第三，找到诗歌中各种事物的方位顺序，画成一张完整的图。

为什么主要画名词呢？因为名词比较好出图像，方便我们画到纸面上，还可以减少抽象转形象的工作。然后将诗句分拆，写到所画的图像旁边就可以了。你要相信，人天生就能瞬间记住一句话，画出的图形可以作为回忆的线索帮助你回忆出这一句话。如果连一句话都记不下来，你可以再画出其中的动词、形容词。

为什么画完一句就要马上记住这一句呢？因为这样做记忆量就会很小，每次只需要记一句话，大脑毫无压力，行动阻力小，谁都愿意开始尝试。

为什么要在图像旁边对应位置写相应的文字呢？图像跟文字内容可以一一对应地保留在纸面上。写一遍文字也会加深印象。图文并茂也便于复习，不会令人看到图却不知画的是什么。

为什么要有方位顺序呢？方位顺序可以让回忆清晰有序，以便借由图像的顺序回忆诗句的顺序。

为什么要画成一张图？画成一张图可以让内容自成一体，压缩图片数量，利于整体回忆。

例：

《天净沙·秋思》

［元］马致远

枯藤老树昏鸦，小桥流水人家，古道西风瘦马。

夕阳西下，断肠人在天涯。

这首古诗中的名词非常明确，我们可以按名词画出对应的图像：枯藤、老树、昏鸦、小桥、流水、人家、古道、西风、瘦马、夕阳、断肠人。然后把文字标在对应的图像旁边，画一句记一句，将下一句的方位顺序确定好，然后画下一句，记住下一句，最后就形成一张完整的记忆图。

下面是我亲自画的图，给大家展示一下记忆的过程。

枯藤老树昏鸦

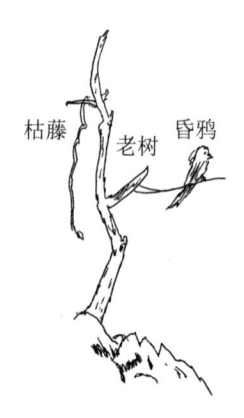

小桥流水人家

古道西风瘦马

夕阳西下，断肠人在天涯

后面古诗专题中，我再跟大家详细讲解古诗的更多记忆方法。

（2）画图法记理科知识点

画图法可以解决大规模知识点的整体记忆问题。

例：人教版《生物学》七年级上册知识摘录

生物的生活需要营养：生物的一生需要不断从外界获得营养物质。

生物能进行呼吸：绝大多数生物需要吸入氧气，呼出二氧化碳。

生物能排出身体内产生的废物：生物在生活过程中，体内会不断产生多种废物，并且能将废物排出体外。

生物能对外界刺激作出反应：生物能够对来自环境中的各种刺激作出一定的反应。

生物能生长和繁殖：生物体能够由小长大。生物体发育到一定阶段，就开始繁殖下一代。

生物都有遗传和变异的特性：生物体的子代与亲代之间，在很多方面表现出相同的特征，但总有一部分特征并不相同，这就是生物表现出来的遗传和变异的现象。

生物还有其他特征。例如，除病毒（virus）以外，生物都是由细胞（cell）构成的，等等。

对于此类知识点，画图法的操作步骤如下：

第一步，读懂并提取关键词。

读完上面的内容，我们提取的关键词是：

生物：营养、呼吸、排废物、刺激反应、生长繁殖、遗传变异、除开病毒都是细胞构成的。

第二步，根据关键词想象画图。

根据以上关键词，我们可以想象出一种生长过程中有很多变化的常见生物，选什么都可以，没有标准答案。比如蝴蝶、蜜蜂、青蛙、鸡、鸭等。我认为青蛙是个不错的选择，所以我画一只青蛙，用青蛙本身来记忆上面的内容。

第三步，把相应的知识点写到图像的旁边。

如图所示，我在青蛙身上选取了七个不同的地方，分别标上 1~7 的序号，然后把关键词写在序号的旁边。

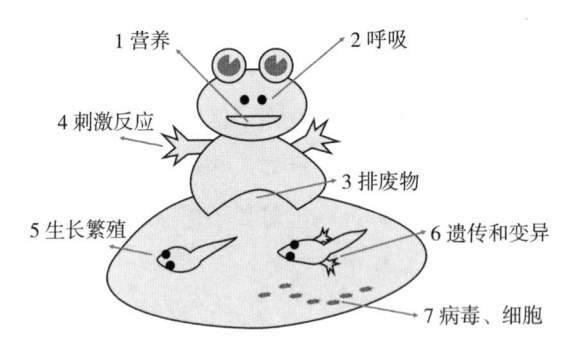

记忆过程展示如下：

第 1 点，选取嘴巴，对应要记的是"营养"。想象营养物质从嘴巴吃进去。

第 2 点，选取鼻子，对应要记的是"呼吸"。想象青蛙通过鼻子在呼吸。

第 3 点，选取屁股，对应要记的是"排废物"。想象青蛙通过屁股排废物。

第 4 点，选取手，对应要记的是"刺激反应"。想象手被针刺了一下，产生了刺激反应。

第 5 点，选取左边的小蝌蚪，对应要记的是"生长繁殖"。想象这只小蝌蚪是青蛙繁殖出来的，正在生长。

第 6 点，选取右边长腿的小蝌蚪，对应要记的是"遗传和变异"。想象这只小蝌蚪有青蛙的遗传物质，以后还会发生变异。

第 7 点，选取水塘里的细菌，对应要记的是"病毒、细胞"。想象水塘里面堆满了病毒和细胞。

当我们把关键词记住之后，再根据关键词将原文内容回忆出来就轻松了。

四、故事情景法

1. 导演你的记忆——故事情景法

我们都喜欢看视频,而不喜欢看文字满满的书。那么开动一下脑筋,我们能不能通过自己的创造力把不喜欢看的书都变成如视频一般生动呢?答案是可以的。

故事情景法,是将记忆的材料放入一定情景中,编出有逻辑或者非逻辑的故事。记忆的材料就像是故事元素,你需要为这个故事设置情景,添置人物,安排情节。只要有讲故事的能力,随便用什么材料都能灵活编出一个自己可以理解的故事,可以是在日常生活中可能发生的,也可以像童话故事一样天马行空。不必在乎别人是否能看懂,能帮助你把内容记下来即可。

有人认为故事情景法可能会影响我们对客观事实的认知。其实完全不用担心,人的大脑具备识别事实与幻想的能力。举个例子,故事中经常有力大无穷的半神、眼睛放电的英雄,有可以变化各种形象的妖魔鬼怪,但这些都不影响我们在现实生活中的认知力和判断力。

大脑可以认识客观世界,让自己的行为符合客观世界的规则。大脑还有一个更重要的功能——创造主观世界,然后把部分主观世界的内容通过客观的手段带到客观世界中。比如无数名家留下的经典著作和艺术创作。

2. 如何打造记忆的故事情景

故事情景法的运用方法很简单。首先,要读懂原文材料。其次,要根据材料特点选取相应的人物、场景和情节。最后,用一个故事将材料融入其中,实现记忆。

例:三十六计后六计——美人计、空城计、苦肉计、连环计、反间计、走为上。

可以编个故事:一个美人(美人计)住进空城(空城计)过着很苦(苦肉计)的日子,环(连环计)境不好,房间(反间计)也小,最后受不了就走(走为上）了。

例：记忆与人交往的要点。

真诚地关心别人；微笑；记住一个人的名字；倾听，鼓励他人谈论他们自己；谈论别人感兴趣的话题；让别人感受到他们的重要，以一种诚恳的方式进行。

故事中有人物、情节与环境。我们先读一下材料，然后感受一下这些材料适合设置什么样的人物、情节与环境。设置故事情景没有标准答案，自己创造的才是大脑最喜欢的。

故事情景1

人物：你自己与一个老奶奶。

环境：十字路口。

情节：你帮助老奶奶过街，她感谢你。

故事：

你看到一个老奶奶在准备过马路，你过去扶她。（真诚地关心别人）

老奶奶看到你帮她，很高兴，对你笑。（微笑）

她问你叫什么名字。（记住一个人的名字）

然后给你讲故事，你很认真地听。（倾听，鼓励他人谈论他们自己）

你问老奶奶她的光辉历史。（谈论别人感兴趣的话题）

老奶奶感谢你扶她过马路，说多亏了你我才安全过马路。（让别人感受到他们的重要，以一种诚恳的方式进行）

是不是像电影一样，很容易回想情节，进而把内容都记下来了？

这一方法不仅可以用于记忆，还可以用于写作或实际拍微电影。举一反三，你就可以悟到更多。

故事情景2

人物：你和一位新学友。

环境：图书馆。

情节：你去图书馆看书结交新朋友。

故事情景：

一位同学的书掉了，你捡起来给他。（真诚地关心别人）

这位同学向你投来感谢的笑容。（微笑）

他问你叫什么名字。（记住一个人的名字）

他给你讲他的故事，你认真听。（倾听，鼓励他人谈论他们自己）

你们一起讨论喜欢的书。（谈论别人感兴趣的话题）

他走之前再次谢谢你，说你很重要，愿意与你交朋友。（让别人感受到他们的重要，以一种诚恳的方式进行）

好了，我已经举了两个例子，你有没有新的故事情景可以告诉我呢？

3. 步步惊心，故事情景法实战分解

故事情景法可以应用于不同科目，凡是记忆的信息需要串联都可以尝试用故事情景法。

例：中国古代十大悲剧。

关汉卿—《窦娥冤》；纪君祥—《赵氏孤儿》；高明—《琵琶记》；马致远—《汉宫秋》；洪昇—《长生殿》；孔尚任—《桃花扇》；冯梦龙—《精忠旗》；孟称舜—《娇红记》；李玉—《清忠谱》；方成培—《雷峰塔》。

记忆过程分两步：先记住作者和作品的对应关系，再将作品名串联起来。第一步我们在本章的"配对联想法"部分已经处理过了，下面我们来解决把作品名串起来的问题。

我们可以用故事情景把这十大悲剧整合在一起。以下是我编的故事：为了看中国古代十大悲剧，窦娥牵着赵氏孤儿抱着琵琶进入汉宫，在长生殿捡到一把桃花扇和一面精忠旗，上面绣着清忠谱，盖着一个娇红记，交给雷锋叔叔。

当然，你也可以自己编故事。下面，请你尝试着自己编一个故事吧。

例：物理记忆——产生电荷的三种方式。

摩擦起电：用绸子摩擦过的玻璃棒带正电荷；用毛皮摩擦过的橡胶棒带负电荷；其实质是电子从一物体转移到另一物体。

接触起电：其实质是电子从一物体移到另一物体；两个完全相同的物体相互接触后电荷平分；等量的异种电荷相互接触，电荷相合抵消而对外不显电性，这种现象叫电荷的中和。

感应起电：把电荷移近不带电的导体，可以使导体带电；同种电荷相互排斥、异种电荷相互吸引，这是电荷的基本性质；其实质是，外部电荷使导体的电荷从一部分移到另一部分；感应起电时，导体离电荷近的一端带异种电荷，远端带同种电荷。

涉及理解与记忆的内容都可以拍成微电影进行故事记忆。因为这一材料是关于来电的，所以我想到了在舞会上很多人都会来电。

环境：舞会现场。

人物：用男生代表正电荷。想象男生都身穿绸缎，手上拿着玻璃棒。用女生代表负电荷。想象女生都穿着高贵的毛皮大衣，拿着橡胶棒。

情节：衣服跟棒子摩擦起电，然后男生们和女生们跳各种舞曲传电。

微电影：舞会厅中，男生穿着绸缎衬衫，女生穿着毛皮大衣，分别手持玻璃棒和橡胶棒，在跳一种奇怪的舞蹈。只见他们用手上的棒子在自己的衣服上摩擦，每个人身上都冒出了电火花（在这个场景中，男生和正电荷相关，女生和负电荷相关）。接下来，他们开始跳交谊舞了。当女生和女生跳舞的时候，她们身上的负电荷就平均分布到每个人的身上。同样地，当男生和男生跳舞的时候，他们身上的正电荷也平均分布到每个人的身上。神奇的是，当男生和女生开始跳舞的时候，异性电荷相遇，就发生中和作用。此时，有一群男女走入了舞会厅。由于男女之间相互吸引，所以这群人中的男生向舞会厅中的女生靠近，女生则向舞会厅中的男生靠近。这样一来，离正电荷（舞会厅中的男生）近的一端出现了负电荷（女生），离正电荷远的一方也出现了正电荷（新来的男生），反之亦然。

这个故事运用了一种类比想象，利用一个舞会的场景帮助你理解与记忆电荷之间的相互作用。要做到对这种方法应用自如，还需要平时大量练习，熟能生巧。方法并不是唯一的，比如，我们也可以将"接触起电"的知识与已经熟悉的知识联系起来，进行比较记忆。正电荷相当于正数，负电荷相当于负数，正负电荷相遇就相当于做加法，正负数加和的特性以及加和的平均特性都可以用在电荷相遇的问题上。

故事情景法在使用过程中有四个关键点：

形象：就是要有对应的场景和人或事物的图像感。

第五章
超强记忆的八大核心方法

生动：意象灵活，有动态感。

夸张：为了达到某种表达效果的需要，对事物的形象、数量、特征、作用、程度等方面着意夸大或缩小。

荒诞：就是要超越现实，进行任意创造，合理的、不合理的元素都可以融入其中。

人们对于日常平凡的事物不会留下特别深刻的印象，但是对特殊、难得一见的事情却会很快留下深刻印象。这种刻意将平凡事物变得形象、生动、夸张或荒诞的方式也能用在我们的学习中。比如，我们在记忆物理学中的"左手定则"时，也可以把平凡的知识变得不平凡。

例：洛伦兹力的方向由左手定则判断。

伸开左手让大拇指和其余四指共面且垂直，把左手放入磁场中，让磁感线垂直穿过手心，四指为正电荷运动方向（与负电荷运动方向相反），大拇指所指方向就是洛伦兹力的方向。

如何联系"洛伦兹"和"左手"呢？根据读音，"洛伦"读起来有点像"左轮"，也就是左轮手枪，所以对应左手。

左手放入磁场中，磁感线垂直穿过手心，可以想象磁感线就像一支支箭一样刺穿手心，这样留下的印象绝对要比磁感线穿过手强。这就是形象化、生动化、夸张化、荒诞化。被刺之后，你要反抗，所以四指射出正电子。大拇指被别人用力拉着把控用力的方向，这个拉着你的人就是洛伦兹。

有同学可能会尖叫了，哇，这都可以？

是的，没错，你的大脑是自由的，可以自由想象，帮助你理解与记忆各种知识。

例：中国古代史的主要阶段。

原始社会、夏、商、西周、春秋、战国、秦、两汉、三国、两晋、南北朝、隋、唐、宋、元、明、清。

可以迅速编个故事：一个原始人（原始社会）在夏天（夏）受了伤（商），躺在床上只能喝稀粥（西周），这样度过了一个春秋（春秋）。休养之后终于有战果了（战国），请（秦）了两个壮汉（两汉）去玩三国杀（三国）。然后喝了两斤（两晋）酒，趴在一男背（南北）上睡（隋）了，梦见自己吃糖（唐），送了好多元宝（元）出去，明天（明）就清醒（清）了。

例：记忆常用的说明方法。

分类别、下定义、举例子、作比较、列数字、打比方

想象：班上开了一个垃圾分类（分类别）的说明会，班主任先扔下一堆钉子（下定义），然后举起一个栗子（举例子），让大家比较了一下（作比较），说出他们的数字是多少（列数字），说错就要挨打（打比方）。

五、超级锁链法

1. 打造记忆的超级锁链

整条锁链看起来很复杂，但仔细观察就会发现，每两个环之间的连接是很简单的。简单的事物不断重复，就可以创造出奇迹。就像我们要记很多的信息，只要保证相邻两个信息相连，就可以串起所有信息。所以超级锁链法的原理其实非常简单，就是像锁链一样把知识一个一个串联起来就好了。

没有方法，记十个信息都困难。一旦掌握绝招，几十甚至上百个信息你记起来都不会有任何问题。你只需要做最简单的事情——把相邻的两个信息依次联结起来即可，这样提起一个信息就能将其余的信息一个挨一个地回想起来。

2. 超级锁链法的五大要点

本书在体验部分的"瞬间提高记忆力的词语记忆法"一节中介绍了超级锁链法的具体应用方法，大家可以去回顾复习一下。接下来我们在基础方法上加强理解和应用。

运用超级锁链法主要有以下的要点需注意。

（1）明确超级锁链法的适用对象

超级锁链并不是对任何类型的信息都适用。超级锁链法不适用于精准记忆

大量的文字信息，比如一字不落地记住一篇非常长的文章。如果要强行使用超级锁链法，就必须巧妙配合其他的信息处理技巧和记忆技巧。超级锁链法的适用对象是词语，而且每个词语代表一个含义或者一个事物。所以，想扩大超级锁链的应用范围，就必须把记忆的对象变成词语类信息。我们可以通过提取关键词的方式来提取词语，或者通过理解归纳的方式来把相应内容归纳成词语。

（2）理解词语，转化图像

超级锁链的环对应着我们大脑能理解的事物。如果不理解，大脑是没有办法调动已知的元素协助我们记忆的。所以，碰到不理解的内容时，必须先设法去理解这些内容。理解之后，如果能转化出图像，就迅速转化图像。在本书第四章第二节超强想象力训练中，我们已经训练过将任何词语转化成图像的能力。能理解又能出图像的词才是超级锁链最好的环，这样的环才结实，不容易断裂。大部分名词、动词和形容词容易出图像。

对于那些不容易出图像的词，我们可以利用转化四叶草，也就是谐音法、替换法、拆分法和组词法，将其转化成图像。

（3）两个环联结紧密

处理好两个环之间的联结是超级锁链的核心。只有把每两个环都处理好，整条锁链才稳固，不会在某个环上出问题。每次只将注意力放在两个环上，也有利于我们更加专注于信息本身，减少无关信息的干扰。其实，处理好两个环之间的联结是所有超强记忆方法的核心和基础，不管是配对联想记忆、锁链记忆，还是定位记忆等方法，其核心都是处理好两个事物之间的联结。

两个环之间的联结要紧密，要做到不管提到哪个环，都能迅速回忆起另一个环来。如何做到联结紧密呢？

环与环之间要有紧密的逻辑关系，或者两个环的图像之间有强烈的动作联系。例如斧头和桌子，可以想象斧头用力砍桌子，斧头陷进桌子里面，桌子有一道大大的砍痕。

（4）一环扣一环，依次往后记

大家想象一下，一条锁链是不是第一个环联结第二个环，第二个环联结第三个环，第三个环联结第四个环，以此类推？所以，如果两个环已经联结紧密了，联结下一个环时就不用管上面的环了。

（5）同一环图像不变

同一个环用同一个图像。比如，联结苍蝇和老虎、老虎和蝌蚪时，老虎的图像要是同一只老虎。为什么要这样做呢？因为如果老虎发生了改变，比如苍蝇飞到一只大老虎头上，然后是一只小老虎去捉蝌蚪，那么大老虎和小老虎代表的是两个不同的图像，回忆时容易产生混乱或者发生断链子的情况。

3. 步步紧扣，超级锁链法实战分解

（1）超级锁链的应用领域

超级锁链的应用领域非常广泛，只要是能找到词语并且词语能被理解或转化成图像的，都可以用超级锁链来构建记忆的线索。具体方法可以参考体验部分的内容。下面我们主要列举可以拓展应用的领域。

实战应用一：词语记忆。

词语记忆不光是随机词语的记忆，也可以是课本后需要掌握的词语的记忆。例如语文课后生词、英语单词，可以直接应用超级锁链的方法来记。处理好单个词语的记忆之后，就可以应用超级锁链将一连串词语装入大脑。

实战应用二：古诗文记忆。

古诗、古文的每个句子都是由词语组成的，如果要应用超级锁链的方法，就要从句子中提取出部分形象的词语，利用这些词语形成超级锁链，便于顺次回忆每一句古诗文。

实战应用三：语文知识点记忆。

各种语文知识点都包含着词语，可以提取关键词，用关键词形成超级锁链，从而轻松将该知识点顺次回忆出来。

实战应用四：政史地知识点记忆。

政治、历史、地理的各种知识点中也存在大量的形象词语，提取出部分形象词语，就可以形成超级锁链，从而将知识点顺次回忆。

实战应用五：物理、化学流程记忆。

流程类信息是需要严格按照流程顺序来记忆的。所以，按照流程顺序，提炼出流程中各个环节的关键词，形成词语的超级锁链，就可以根据词语的

顺序回忆流程的顺序。

实战应用六：工作事项记忆。

在工作中要处理各种事项，从每个事项中提炼出关键词，就可以利用超级锁链的特性将所有事项依次串联起来，形成一个整体，便于记忆。

实战应用七：演讲主要内容记忆。

演讲中会涉及多个要点，对每个要点提炼出核心关键词，然后利用词语形成超级锁链，这样在回忆关键词的时候就提示了要点信息，从而帮助我们将演讲的内容顺次表达。

（2）区分超级锁链法与故事法

我们来分析一下超级锁链法和故事情景法的本质区别。运用超级锁链法时，不需要一次处理多个词语，每次只处理两个词语的联结。超级锁链法跟故事法的最大区别在于，超级锁链法专注于处理好两个环的关系，然后通过两个环之间的相互联结特性来确保对所有信息的记忆。故事法是为整个记忆材料设定故事背景和情节关系，把所有资料综合在一起记忆。超级锁链法需要的仅仅是联结两个词语的能力，而故事法需要的是综合所有材料的能力。

例：记忆文学常识——鲁迅部分作品。

《故乡》《社戏》《孔乙己》《一件小事》《从百草园到三味书屋》《藤野先生》《阿Q正传》《药》《呐喊》《彷徨》《狂人日记》《祝福》

记忆时要将题目和作品联系起来。

超级锁链法：鲁迅回到故乡，故乡上演了社戏，社戏邀请演员孔乙己，孔乙己做了一件小事，一件小事发生在从百草园到三味书屋途中，从百草园到三味书屋途中遇到了藤野先生，藤野先生在写阿Q正传，阿Q正传的阿Q在喝药，药太苦了于是发出呐喊，呐喊之后很彷徨，彷徨之后发狂写了狂人日记，狂人日记发表后得到了大家的祝福。

在应用超级锁链法的时候，每次只关注两个记忆信息，记住这两个信息之后再处理后两个信息。如果是用故事情景法，就要设定背景、人物和情节故事。

故事情景法：有一天鲁迅回到了故乡看社戏，里面演了孔乙己的一件小事，就是从百草园到三味书屋途中遇见了藤野先生在给阿Q（《阿Q正传》）喂药，阿Q不喝，在那呐喊，而且很彷徨，最后成了狂人（《狂人日记》），希望好心人能给他祝福。

下面请你自己练习一下。

冰心部分作品。

《姑姑》《闲情》《小桔灯》《繁星》《往事》《寄小读者》《南归》《归来以后》《春水》《超人》

老舍的部分作品：

《二马》《一块猪肝》《猫城记》《小坡的生日》《骆驼祥子》《赶集》《火车》《离婚》《老字号》《茶馆》《正红旗下》《四世同堂》

（3）抽象转形象结合超级锁链法应用

有时候记忆材料无法直接转化成图像，需要运用抽象词转形象的方法将其中的图像转化出来。

例：建安七子。

孔融、陈琳、王粲（càn）、徐干（gàn）、阮瑀（yǔ）、应（yìng）玚（yáng）、刘桢

将名字转化成图像：

孔融：想象一个孔在融化，形象就是一个孔。

陈琳：想象成片的林子，形象就是林子。

王粲：想象一个王冠发着金灿灿的光，形象就是王冠。

徐干：想象一个人在徐徐地干活，形象就是干活的人。

阮瑀：想象软软的一条鱼，形象可以是鱼。

应玚：想象应该飞扬，形象就是飞扬的样子。

刘桢：想象留着珍珠，形象就是一颗珍珠。

于是，我们可以想象：建安七子打了一个孔，孔里面种了成片的林子，林子里面放了一顶金灿灿的王冠，王冠戴在徐徐干活的人头上，干活的人捉了一条软软的鱼，鱼从手中脱出在飞扬，飞扬的时候吐出了珍珠。

你可以自己练习一下记忆竹林七贤。

竹林七贤：嵇康、阮籍、山涛、向秀、刘伶、王戎及阮咸。

（4）目录学习法

由超级锁链法衍生出了一种非常厉害的学习方法——目录学习法。记住

目录，就很容易把一本书的主要内容串起来，形成整本书的回忆线索。知识脉络可以让读书系统化、条理化。目录学习法还可以充分发挥我们的主观能动性，增强自主学习能力。

站在作者的角度想问题是学习的绝招。不管是课本还是其他书籍，作者都会通过目录来确定整本书的结构。记忆目录，就记住了作者的思路。

例：部编版五年级上册《语文》（2022年秋季版）目标（节选）。

第一单元

  1 白鹭

  2 落花生

  3 桂花雨

  4 珍珠鸟

第二单元

  5 搭石

  6 将相和

  7 什么比猎豹的速度更快

  8 冀中的地道战

第三单元

  9 猎人海力布

  10 牛郎织女（一）

  11 牛郎织女（二）

我们可以用超级锁链法将目录迅速地记忆下来。

下面给出参考记忆思路：白鹭在吃落花生，落花生在淋桂花雨，桂花雨打湿了珍珠鸟，珍珠鸟落到了搭石上，搭石上上演了将相和，将相和的过程中讨论了什么比猎豹的速度更快，比猎豹更快的是《冀中的地道战》中抗日军民射向敌人的子弹，地道战感动了《猎人海力布》，猎人海力布遇见了牛郎织女两次。

（5）关键词超级锁链法处理大规模文字材料记忆

超级锁链法用于简答题、问答题等大量文字记忆时需要多加一个基础的步骤——读懂原文并找出关键词。

用超级锁链法记简答题的具体步骤如下：

第一步，通读全文，理解每个要点的正确意思。

第二步，熟悉每句话，从句子中抽取关键词，确保通过这个关键词可以回想起句子。如果由一个关键词就能回想起一小句话，就从一小句话里面抽取一个关键词。如果由一个关键词可以回想起几个小句，就可以从这几个小句中只抽取一个关键词。

第三步，运用超级锁链法将关键词按顺序记下来。

第四步，根据记下来的关键词，顺次回想原文内容。如果记忆的目标是核心要点都记住即可，则可以用自己的语言扩展关键词。如果目标是一字不落地背诵，就必须把每个句子都记到一字不差。

例：半坡氏族时期的社会生活情况。

普遍使用磨制器，使用磨制器的时代叫新石器时代，他们还使用弓箭。

原始农业已有发展，种植粮食作物粟。我国是最早培植粟的国家，已学会饲养猪狗鸡牛羊。

已使用陶器。

已学会建造房屋，过着定居的生活，已形成村落。

第一步，通读全文，理解每个要点。这一步大家自己去操作。

第二步，熟读每句话，抽取回忆的关键词，并确保能通过关键词回忆相应的句子。以下是我抽取的关键词及形成的回忆模式。

原文	关键词	回忆模式
半坡氏族时期的社会生活情况	半坡	半坡——半坡氏族时期的社会生活情况
普遍使用磨制器，使用磨制器的时代叫新石器时代，他们还使用弓箭	磨制器、新石器、弓箭	磨制器——普遍使用磨制器 新石器——使用磨制器的时代叫新石器时代 弓箭——他们还使用弓箭
原始农业已有发展，种植粮食作物粟。我国是最早培植粟的国家，已学会饲养猪狗鸡牛羊	农业、粟、猪狗鸡牛羊	农业——原始农业已有发展 粟——种植粮食作物粟，我国是最早培植粟的国家 猪狗鸡牛羊——已学会饲养猪狗鸡牛羊

第五章
超强记忆的八大核心方法

续表

原文	关键词	回忆模式
已使用陶器	陶器	陶器——已使用陶器
已学会建造房屋，过着定居的生活，已形成村落	房屋、村落	房屋——已学会建造房屋，过着定居的生活 村落——已形成村落

第三步，运用超级锁链法记下关键词。

刚才提取的关键词如下：半坡、磨制器、新石器、弓箭、农业、粟、猪狗鸡牛羊、陶器、房屋、村落。运用超级锁链将其串到一起，实现关键词线索的记忆。

参考：半坡上安装了磨制器，磨制器磨出了新石器，新石器做了弓箭，弓箭射到了农田（农业）里，农田里种满了粟，粟喂了猪狗鸡牛羊，猪狗鸡牛羊装进了陶器，陶器放进了房屋，房屋组成了村落。

第四步，根据记下来的内容，在脑海中还原原文。如果记忆目标是一字不落地背诵，则需要在回忆的时候着重关注回忆内容和原文的对比，修订有误的地方。

最终，这些关键词形成了一条锁链，每个环都对应一句话，这样就能成功从第一句话回想到最后一句话。

（6）用超级锁链法直接记忆零散知识点

有时，材料本身就是一系列的物品，而且这些物品都有对应的图像和功能说明。在处理这样的信息时，我们首先要直观了解这些物品的图像和功能。

例：化学实验中用到的一些物品。

可加热的：

可直接加热的：坩埚，蒸发皿，试管，燃烧匙。

可间接加热的：烧杯，烧瓶，锥形瓶。

不可加热的：

表面皿、容量瓶、启普发生器、量筒、漏斗、药匙、滴定管。

我们首先需要观察这些物品的形象，了解其为什么可以加热或者不可以加热，再结合教科书上的讲解及自己的经验，创造直观体验感。

例如，可以直接加热的坩埚是用来熔化金属的，蒸发皿可以用来蒸发浓缩液体或灼烧固体，试管可以直接加热固体或者液体，燃烧匙可以直接盛放可燃物燃烧。可以看出，这些物品都可以经受直接加热的温度，所以可以直接加热。

烧杯、烧瓶和锥形瓶底部较大，如果直接加热会导致受热不均而炸裂，所以要垫上石棉网，使受热均匀。

表面皿主要用于盛放，容量瓶主要用于配置溶液，启普发生器主要用于固体颗粒和液体反应制取气体，量筒主要用于量液体体积，漏斗把液体及粉状物体注入入口较细小的容器，药匙主要用于取用粉末状或小颗粒状的固体试剂，滴定管主要用于准确放出不确定量液体。这些功能都不需要加热，这些物品都不可加热。

知其然还要知其所以然，这样才能从逻辑上更好地辨析信息和吸收信息。记忆这种本身带有形象的物件信息，可以直接采取图像一个套一个的模式来形成锁链。例如，可以直接加热的为坩埚、蒸发皿、试管和燃烧匙，对它们直接进行图像嵌套，坩埚里面放蒸发皿，蒸发皿里横着一个试管，试管里面伸进来燃烧匙。可间接加热的是烧杯、烧瓶和锥形瓶。可以想象烧杯里套着烧瓶，烧瓶里套着锥形瓶。不可加热的是表面皿、容量瓶、启普发生器、量筒、漏斗、药匙和滴定管。可以想象表面皿上放着容量瓶，容量瓶套上了启普发生器，启普发生器里的液体倒进量筒，量筒里的液体倒向漏斗，漏斗里插着药匙，药匙打断了滴定管。

超级锁链法的优势在于可以不断串联下去，如果觉得太长，可以先形成一串短锁链，再将短锁链一串接一串形成长锁链。锁链的长度根据记忆材料的特性和记忆者的回忆能力灵活安排。

例：京广线沿线重点城市。

北京、保定、石家庄、邢台、邯郸、安阳、鹤壁、新乡、焦作、郑州、许昌、漯河、驻马店、信阳、随州、孝感、武汉、咸宁、岳阳、长沙、湘潭、株洲、衡阳、郴州、韶关、清远、广州。

记忆这类内容，首先要拿出地图，在地图上将上面的城市依次找出来，形成直观印象。有些人的地理基础比较好，通过简单标注就可以把上面的城

第五章
超强记忆的八大核心方法

市依次记下来。如果记不下来，再求助于超级锁链法也可以。如果你本身就对这些城市名称熟悉，不用特别处理也可以，你可以把两个城市直接用超级锁链模式紧密结合起来，顺次回忆即可。如果对这些城市不熟悉，而考试的时候又需要按顺序写下来，那么可以用一些更加形象夸张的模式进行信息处理。

我们先试着从这些地名中找出印象深刻的图像。下面是学员们想出来的一些形象。它们并不是标准答案，只是给你做个参考。当然，你也可以有自己的想法，自己想的才是印象最深刻的。

城市	图像	城市	图像	城市	图像
北京	天安门	郑州	镇子	岳阳	岳飞在晒太阳
保定	保安	许昌	许多人在唱歌	长沙	长长的沙滩
石家庄	石头砌的家	漯河	落河	湘潭	一个深潭
邢台	一个台子	驻马店	住着很多马的店	株洲	煮粥
邯郸	含丹，仙丹	信阳	信	衡阳	很多羊
安阳	太阳	随州	跟随州长	郴州	盛粥
鹤壁	仙鹤	孝感	孝顺的人在感动地哭	韶关	一个关卡
新乡	新的乡村	武汉	会武功的汉子	清远	清水流很远
焦作	烧焦的作品	咸宁	咸菜	广州	一个广场

当处理好图像后，就可以用超级锁链将它们串联起来。下面是简单的参考：

从北京天安门（北京）里走出来一个保安（保定），保安回到了石头砌的家里（石家庄），石头房里放了一个台子（邢台），台子上堆满了仙丹（邯郸），仙丹在太阳里（安阳）炼制，太阳里飞出来仙鹤（鹤壁），仙鹤飞到了新的乡村里（新乡），新乡村做了很多烧焦的作品（焦作）。作品送到了镇子上（郑州），镇子里许多人在唱歌（许昌），唱歌的人落进了河里（漯河）。河边住着很多马（驻马店），这些马去送信（信阳），信随着州长（随州）一起到达，州长孝顺地哭了（孝感）。孝顺感动了会武功的汉子（武汉），汉子扔出一把咸菜（咸宁），咸菜砸中了岳飞（岳阳），岳飞爬到一片长长的沙滩上（长沙），沙滩外有一个深潭（湘潭），有人在舀深潭的水煮粥（株洲），粥里面放了很多羊肉（衡阳），羊肉放完要盛一份粥（郴州），这份粥送过一个关卡（韶关），关卡边有清水流到了很远的地方（清远），清水最后流到了目的地广场（广州）。

（7）超级锁链法结合分析归纳法

例：英语一词多义。

take off 含义：脱下、带头、匆匆离开、休假、截断、杀死、扣除、中断、起飞、模仿、绘制、喝光、暴涨

对于这种不需要按照顺序记忆的内容，我们先观察一下词语是否可以分类，如果可以，再观察分类之后每一类的顺序是否可以调换，以使一些词语之间形成锁链的时候能够更加符合逻辑关系。

经过一定的分析归纳，我把 take off 的意思分成以下四组。

①休假、脱下、匆匆离开、扣除、喝光；

②模仿、绘制；

③截断、中断、杀死；

④起飞、暴涨。

对于第一组，想象：一个人休假了就脱下工作服，然后匆匆离开办公室，离开之后被扣了奖金，于是郁闷地喝光了所有的酒。第二组：模仿名家绘制图形。第三组：中途被人截断去路，与人联系中断，之后就被杀死了。第四组：股市起飞了，市值暴涨了。

然后我们可以脑补一个发展情节，将四个组有机串联起来。

想象一个人买股票碰到股市起飞，市值暴涨，然后觉得可以休假了，就脱下工作服，匆匆离开办公室，结果被扣了奖金，郁闷地喝光了所有的酒。喝酒喝得没钱了，于是模仿名家绘制图形，不料中途被人截断去路，与人联系中断，之后就被杀死了。

六、超级定位法

1. 超级定位的八大常用体系

（1）定位法的好处

定位法就是把要记忆的一系列事物跟已知的一系列有顺序的事物对应起来进行联结的方法。简单来说，定位法就是把你的知识分门别类、按顺序地固定到另一个有顺序的东西上。好的记忆方法都源于生活。我们将衣服分门别类地放到衣柜的不同位置，或者将书分门别类地放到书柜的不同位置，这样查找起来就方便了。同样地，将信息分门别类地储存在大脑中，提取起来就轻松了。

定位法有两点好处：

第一，好记。信息分类能简化信息。陌生信息与熟悉信息联结，更易于进入大脑。

第二，好忆。分类回忆可以缩小回忆范围。熟悉事物能够提供回忆的线索。

（2）八大定位系统

定位法需要用一些有顺序的事物来作为定位点。满足有顺序、有特点、能回想出来这三个要点的万事万物都可以用来作为定位点。例如人的身体部位、动物的身体部位、各种物体的不同组成部位、各种画面的不同部位、人物的排序、事物的排序、文字的顺序、数字的顺序、空间方位的顺序等。

根据选取的定位物体不同，定位法可以细分成以下八类。

①**身体定位系统**

用人物或者动物的身体部位来作为定位点。按一定的顺序在人物或者动物的身上找出不同的部位。部位的多少可以根据个人需要选取。比如有些学医的人可以在身上找出非常多的部位，帮助他们定位记忆非常多的信息。

②**物体定位系统**

用各种物体的不同组成部位来作为定位点。可以按照一定的顺序在物体上找到不同的部位。可以根据记忆内容的需要挑选物体，把相应的知识定位到对应的部位上。

③画面定位系统

在自己熟悉的图片上按照一定的顺序找不同的部位作为定位点。

④人物定位系统

用自己熟悉的人物排序中的每个人物作为定位点，比如家庭成员、小说主要人物、同班同学等。

⑤事物定位系统

用自己熟悉排序的事物作为定位点。比如对自己喜欢吃的东西排个序，对从早到晚做的事情排个序，这样，每个事物或者每件事情就可以作为一个定位点。

⑥文字定位系统

用有固定排序的文字作为定位点。比如熟悉的成语、古诗词、文章等，里面的每个文字都可以通过图像化处理变成一个独特的定位点。

⑦数字定位系统

把数字按顺序转化成图像，这样，数字也可以成为定位点。本书中的数字密码表就是将数字通过谐音法、意义法和形象法转化成对应的图像，这样，每一个图像都可以成为定位点。

⑧空间定位系统

在生活空间中按照一定的顺序找到不同的位置，每个位置都可以作为一个定位点。

除了这些常见的定位系统，我们自己还可以创造出更多的细分类别定位法。只要是自己熟悉的、能按顺序回想的、可以跟需要记忆的信息进行联结的事物都可以是你的定位系统。

2.步步到位，超级定位法实战分解

在运用超级定位法的时候，主要有两个步骤。

第一步，分析需要记忆的信息，进行预处理。

也就是看看需要记忆的信息是形象信息还是抽象信息，需不需要进行信息的转化。看看信息的数量有多少，是否需要对数量进行处理，也就是压缩、分类、排序等。

第二步，寻找对应数量的定位物体。

对于初级水平的应用，可以是一个信息对应一个定位物体，这样每次只需要做单个信息与单个定位物体之间的联结工作。两个信息的联结是相对简单的。应用熟练后，可以两个或更多的信息对应一个定位物体。

（1）身体定位法

例：记叙文人物描写的六个角度。

外貌描写、语言描写、神态描写、心理活动描写、细节描写、动作描写

因为描写对象是人物，所以可以在人的身体上找几个地方来定位记忆。

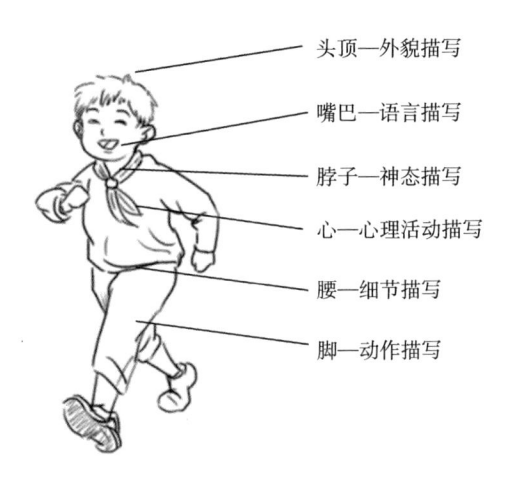

头顶—外貌描写
嘴巴—语言描写
脖子—神态描写
心—心理活动描写
腰—细节描写
脚—动作描写

我们可以从头往下找六个地方：头顶、嘴巴、脖子、心、腰、腿。

头顶—外貌描写：想象头上戴着帽子，"帽"跟"貌"谐音，就提示我们是外貌描写。

嘴巴—语言描写：嘴巴说语言，由嘴巴就联想到语言描写。

脖子—神态描写：脖子上挂神像，神提示神态描写。

心—心理活动描写：心本身就对应心理活动，所以想到心就想到心理活动描写。

腰—细节描写：想象腰变细了，联想到细节描写。

腿—动作描写：腿会动，就联想到动作描写。

有人问，我们不找这几个地方可以吗？是可以的，你可以根据自己的理解在身上找其他的部位，重点是找的部位自己熟悉，并且能与记忆内容联系起来，找完之后你还得回想起自己找的是哪几个部位。

身体定位法练习一：

常见语病：

结构上：语序不当、搭配不当、成分残缺、成分多余、结构混乱

语义上：语意不明、不合逻辑

身体定位法练习二：

人体八大系统：

运动系统、神经系统、内分泌系统、循环系统、呼吸系统、消化系统、泌尿系统、生殖系统

（2）物体定位法

除了用身体定位，还可以用身边的物体来定位。

例如，我们要默写下面的单词：

ruler /'ru:lə/ *n.* 尺子

pencil /'pensɪl/ *n.* 铅笔

eraser /ɪ'reɪzə/ *n.* 橡皮

crayon /'kreɪən/ *n.* 蜡笔

bag /bæɡ/ *n.* 包

pen /pen/ *n.* 钢笔

pencil box /'pens(ə)l bɒks/ *n.* 铅笔盒

book /bʊk/ *n.* 书

我们可以随手拿起自己身边的一支笔，在笔上找到 8 个点，然后把单词直接定位上去。如下图所示，从笔的顶端到笔尖找到的八个点为：笔顶、笔杆、笔扣、笔杆透明部分、标签、握杆、笔头、笔尖。想象：笔顶按钮顶了一把尺子 ruler，笔杆上部黑色部分被一支铅笔 pencil 戳破了，笔扣把橡皮 eraser 夹扁了，笔杆透明部分塞了红色的蜡笔 crayon，标签贴到了包 bag 上，握杆被钢笔 pen 涂黑了，笔头戳进了铅笔盒 pencil box，笔尖划破了书本 book。

第五章
超强记忆的八大核心方法

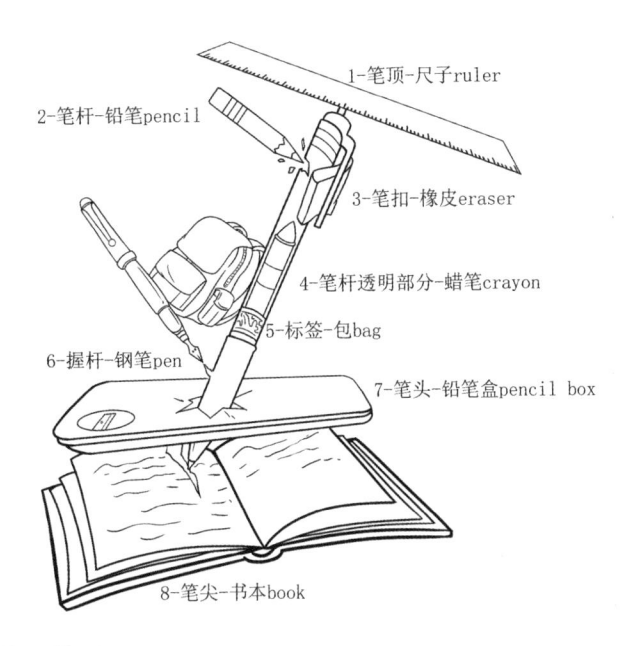

```
1-笔顶-尺子ruler
2-笔杆-铅笔pencil
3-笔扣-橡皮eraser
4-笔杆透明部分-蜡笔crayon
5-标签-包bag
6-握杆-钢笔pen
7-笔头-铅笔盒pencil box
8-笔尖-书本book
```

物体定位法练习：

八仙过海中的八仙：

铁拐李、汉钟离、张果老、吕洞宾、何仙姑、蓝采和、韩湘子、曹国舅

（3）文字定位法

很多时候我们直接从题目中选取文字就可以帮助我们定位知识点。

例：凸透镜三大功能——放大、聚光、成像。

我们可以直接选取"凸透镜"三个字来帮助我们定位记忆。

凸—放大：可以想象"凸"的上半部分变成下半部分就是"放大"了。

透—聚光：想象光透过去，聚集在一起，就是聚光。

镜—成像：想象镜子里有人像，代表成像。

例：净化水的方法——过滤、消毒、沉淀。

可以直接选取"净化水"三个字来帮我们定位记忆。

净—过滤：由"净"想到变干净，想象"过滤"了就变干净了。

化—消毒：由"化"可以想到化学，用化学物品"消毒"。

水—沉淀：想象水里面有"沉淀"物。

知识点更多一点时还可不可以这样定位呢？是可以的。

例：人类生长发育需要的营养物质——蛋白质、糖类、维生素、脂肪、矿物质、水。

我们可以选取"人类生长发育"六个字来定位六个知识点。

人—蛋白质：想象人在吃蛋白，想到"蛋白质"。

类—糖类："糖类"里面有个"类"字，可以直接关联，由类想到糖类。

生—维生素："维生素"里面有个"生"，可以直接关联，由生想到维生素。

长—脂肪：可以想象长脂肪了。

发—矿物质：可以想象发现了矿物质。

育—水：想象体育课喝水。

有人可能会问，一定要用题目中的文字才能定位吗？

其实不是的，只要是你能想得到的有顺序的文字都可以用来定位。

例：七大洲面积排序。

亚洲＞非洲＞北美洲＞南美洲＞南极洲＞欧洲＞大洋洲

有七大洲，所以我们可以找七个字的一句话来定位记忆。七个字的话，我们很容易就能想到七言绝句。于是我们随意找出一句早已熟悉的古诗：朝辞白帝彩云间。

朝—亚洲："朝亚"谐音"早呀"。

辞—非洲：由"辞"可以想到告辞，"非洲"谐音"飞走"，想象告辞非洲就飞走了。

白—北美：由"北美"可以想到北方的美人，想象北方美人长很白。

帝—南美：由"帝"想到皇帝，"南美"谐音"男美"，可以想象皇帝是个美男子（男美）。

彩—南极：由"彩"可以想到色彩，由"南极"可以想到南瓜，想象南瓜极具色彩。

云—欧洲：由"云"可以想象云朵，"欧"谐音"鸥"，想象云朵上飞着海鸥。

间—大洋洲：由"间"可以想象房间，大洋可以想成钱，想象房间里堆满了大洋。

（4）数字定位法

用数字密码的图像来定位知识。

例：学霸的十大习惯。

数字	图像	习惯	记忆
1	铅笔	上课积极发言	用铅笔写出了答案，然后上课就可以积极发言
2	鹅	记笔记和整理错题本	想象自己在学《咏鹅》这首古诗的时候要记笔记，写错的字整理到错题本上
3	耳朵	善于知识总结和归纳	耳朵在听课的时候听到了很多的知识，然后把知识都总结归纳到大脑里面
4	帆船	根据遗忘曲线及时复习知识点	想象帆船沿着遗忘曲线航行，边航行边复习驶过的路线
5	钩子	乐观、开朗、活泼、爱运动、爱和老师交朋友	想象一个乐观、开朗、活泼又爱运动的小朋友，用钩子把老师钩过来做朋友
6	哨子	学会不断修正自己的学习方法	当我们做错的时候，教练会吹哨子让我们意识到自己错了，从而帮我们不断修正。在学习上修正的就是学习方法
7	斧头	学会休息、学会自我放松但不是自我懒怠和不自律	用斧头砍树，砍累了要休息，于是躺在树下自我放松，但休息时间到了又开始工作，这就代表不是自我懒怠和不自律
8	葫芦	学习的时候就要专心认真，对待问题要拥有不放弃且坚持把问题解决为止的精神劲头	葫芦娃学习的时候专心认真，而且对待问题都不放弃，坚持把问题解决，就像他们坚持要去救爷爷一样
9	九尾狐	从来不熬夜	九尾狐从不熬夜
10	棒球	会有针对性地训练自己的应试能力	马上就要棒球考试了，于是抓紧训练棒球技巧，有针对性地训练自己的应试能力

3. 超级定位法记忆大量材料

下面我们来记忆三十六计。三十六计是我们练习数字定位法最有效的材料之一，记住之后还能作为作文素材。

记忆三十六计的过程中，记忆表述的内容会用到很多奇特的想象，跟原文本身的意义可能不一致。所以，请大家先从网上学习三十六计的正确意义，再来处理想象的内容。

例如，第一计为瞒天过海，我们使用数字1来记忆。数字1可以转化为图像蜡烛。接下来，我们可以有多种方案。

方案一：逻辑推理。想象蜡烛被吹灭后，四周变黑了，于是就可以瞒天过海了。这里应用了因果关系。

方案二：夸张想象。提取"瞒天过海"中的两个形象字，"天"和"海"，然后想象：蜡烛好大啊，顶着天踩着海。这里的"天"和"海"就提示你这个词叫作"瞒天过海"。

方案三：首字提示法。"瞒天过海"这个成语我们原本就很熟悉了，只要有人提示第一个字，我们就能把整个成语都说出来。所以这里可以提取"瞒"字，谐音转化为"馒头"，然后联想蜡烛烤馒头，这样就记住了。

不管是哪一个方案，我们的脑海中记忆的都是图像。如果你没有在脑海中看到图像，需要好好再去想象一下，直到把图像想象出来了再继续练习。

下面是其他计谋的记忆方案，请你记完10条之后回顾复习一下，然后锻炼一下自己的能力，补充完后26条计谋。

数字	图像	计谋	记忆
1	蜡烛	瞒天过海	蜡烛被吹灭后，四周变黑了，于是就可以瞒天过海了。这里应用了因果关系
2	鹅	围魏救赵	分析计名本身，可以想到很多人在围着一座城的场景，所以将鹅的数量夸张化，变成很多的鹅在围着魏国，要救赵国
3	耳朵	借刀杀人	耳朵怎么跟借刀杀人联系起来呢？想象这把刀是从耳朵里面借出来的。联想：从耳朵里借了一把刀出来去杀人
4	帆船	以逸待劳	想象两拨人，一拨在帆船上，另一拨在水里游。帆船上的人是不是很安逸地等待着那些在水里面游得很劳累的人呢？所以帆船对应的是以逸待劳
5	钩子	趁火打劫	起火了，要去打劫又被火拦在外面，所以要用什么去把东西打劫出来呢？用钩子，对吧？
6	勺子	声东击西	用勺子敲东边，然后派人去袭击西边，这是不是声东击西呢？
7	斧头	无中生有	想象一下，有一个人拿着斧头在砍空气。原来什么都没有，砍着砍着就砍出来一堆木柴，所以叫无中生有

第五章
超强记忆的八大核心方法

续表

数字	图像	计谋	记忆
8	葫芦	暗度陈仓	躲到葫芦里面，在黑暗中在一个陈旧的仓库度过夜晚
9	九尾狐	隔岸观火	九尾狐在岸的这边，隔着岸观对面的火，这就是隔岸观火。这火是谁放的，你们能猜到吗？
10	棒球	笑里藏刀	把棒球藏在身后，笑呵呵地面对着你，等你放松警惕的时候敲晕你，是不是笑里藏刀呢？
11	筷子	李代桃僵	
12	婴儿	顺手牵羊	
13	医生	打草惊蛇	
14	钥匙	借尸还魂	
15	鹦鹉	调虎离山	
16	杨柳	欲擒故纵	
17	仪器	抛砖引玉	
18	篱笆	擒贼擒王	
19	药酒	釜底抽薪	
20	鹅蛋	浑水摸鱼	
21	鳄鱼	金蝉脱壳	
22	双胞胎	关门捉贼	
23	和尚	远交近攻	
24	闹钟	假道伐虢	
25	二胡	偷梁换柱	
26	河流	指桑骂槐	
27	耳机	假痴不癫	
28	恶霸	上屋抽梯	
29	恶狗	树上开花	
30	三轮	反客为主	

续表

数字	图像	计谋	记忆
31	鲨鱼	美人计	
32	扇儿	空城计	
33	闪闪	反间计	
34	三丝	苦肉计	
35	珊瑚	连环计	
36	山鹿	走为上	

记下来之后，只需要按照复习规律去复习几次就可以做到终生不忘了。

七、记忆宫殿法

1. 量身打造你自己的记忆宫殿

（1）什么是记忆宫殿

请你回想一下，你家房子里是不是有不同的空间？比如客厅、卧室、厨房、卫生间等。每个空间里面是不是有不同的位置？比如你家的客厅从入门开始顺时针转一圈，是不是会有门、鞋柜、凳子、餐桌、沙发、茶几、电视等位置？一旦你熟悉这些位置，闭上眼睛也能在大脑里面回想起它们的方位和特点。此时，大脑里面仿佛形成了一个跟现实房间类似的空间，空间里面同样有不同的位置和这些位置的特点。这样构建在你大脑里面的类似于房间和位置的空间，就称为记忆宫殿。

为什么我们要构建记忆宫殿呢？

因为记忆宫殿的原型在生活易于找到，而且很容易形成长时记忆。所以储备的记忆宫殿越多，今后记忆时便可储存更多内容。使用记忆宫殿时，我们只需要把所需记忆的知识点跟宫殿当中的位置对应起来，以后通过这个位置就可以很轻松地把知识点回想起来。就像你在你家客厅的不同位置上放上不同的物品，回想的时候，只要顺着位置的顺序去回想，就可以知道什么位置上放的是什么东西。

（2）用熟悉空间构建记忆宫殿

很简单，既然记忆宫殿是我们的大脑模拟现实而得到的一个虚拟空间，那么我们只需要在现实中寻找我们熟悉的空间，按照一定的顺序将这个熟悉空间中的各种物品整理出来编号排序，最后再在大脑中回想这个空间，这样，这个空间就从现实中转移到我们的大脑中去了。

生活当中，类似的空间很多，比如每个房间都可以按顺序找到很多不同的位置。学校也有不同的场所，比如教室、图书馆、食堂、体育馆等，这里面都可以找到很多不同的位置。除了室内的空间，室外也可以用作虚拟空间的模板，比如操场、广场、公园等。

只要有一个现实空间，空间里面有很多不同的位置，按照一定的顺序给这些位置编排序号之后，都可以当作大脑里面的虚拟空间模板。

什么是记忆宫殿的地点呢？记忆宫殿中的位置就被称作这个记忆宫殿的地点。使用记忆宫殿记忆信息的时候，并不是把要记忆的内容放在空间的任意一个位置，而是让记忆内容与这些地点产生一定的关联，然后回忆的时候就可以顺着这些地点回想起地点上关联的内容。

下面就以一个具体的房子为例，来给大家演示一下，如何把现实的空间变成我们大脑里面的虚拟空间，也就是记忆宫殿。

在上图这个房间中按照顺序可以轻松找到 10 个不同的地点：1 凳脚、2 沙发凳、3 三脚架、4 灯罩、5 壁画、6 靠枕、7 小桌、8 毯子、9 铁凳、10 挂灯。

（3）如何应用记忆宫殿加强记忆？

如何使要记忆的内容和地点产生关联呢？

我们看过很多侦探片或者侦探小说，里面会有各种不同的案发现场，侦探们会根据现场留下的痕迹来推断作案者的特点。仅凭线索就能推断出相应的作案者特征，你是不是觉得很神奇？

想要把记忆宫殿用好，你就要把自己想象成一个作案者，或者说是一部电影的导演，你要记忆的内容就是你作案的对象。你需要在现场留下充分的线索，以便下次看到这些线索时，可以清晰地回想起当时是什么记忆对象在这里发生了什么事情。

能否回想起来，取决于你在现场留下了什么线索，以及你给自己的提示带来了什么感觉。

例如，你选择的第一个地点是门，这个地点上有两个信息需要记忆，青蛙和山鸡。为了让你在一段时间之后还记得门上的信息是青蛙和山鸡，你必须留下青蛙和山鸡跟这扇门发生作用之后的线索。

有人会想，青蛙把山鸡踢到了门上。但是这样没有留下线索，记的地点多了之后，很快就会把门这个地点上记忆的是什么东西给忘记了。为什么会忘记呢？因为一个东西把另外一个东西踢到门上面去，这是很通用的一个动作，可以是青蛙把山鸡踢到门上，也可以是白虎把狐狸踢到门上，还可以是人把杯子踢到门上。只有动作，没有留下线索，就无法寻回记忆的真相。你要把可能性的数量从无限变成有限，方法就是加上限定性的条件，而最好的限定性条件就是作用之后的效果。你会发现，青蛙把山鸡踢到门上留下的痕迹与白虎把狐狸踢到门上留下的是绝对不同的。

为了留下限定性线索，你可以想象，青蛙用很大的力气把山鸡踢到了门上，然后门上留下了青蛙的大脚印，还沾满了山鸡的血肉和羽毛。下回你回想门这个位置时，就知道这边上演的是青蛙踢了山鸡的一幕。因为你可以从记忆印象中的脚印，还有血肉模糊的肉体、零散的羽毛，推断出这个地方发生的事情——一定是一只青蛙跟一只山鸡在这里打了一架。

有没有发现，当你学会用记忆宫殿的这种回想线索后，记忆就像是设置一个侦探剧？只不过，在传统的侦探剧中，留下的线索是很隐秘的，因为作案者并不想被揭发。但在记忆宫殿中，你就是要留下非常明显的线索，越明显越好。

我们再换一个地点试一下使用线索的感觉。很多房子进门之后，门旁边就是鞋柜，那么我们就在鞋柜这里记忆两个信息：蜈蚣和蜗牛。

你自己想一下，蜈蚣和蜗牛怎么在鞋柜这里留下非常明显的证据呢？

有同学是这样想的，蜈蚣把蜗牛的触角咬断了，留在鞋柜上，所以鞋柜上就留下了蜗牛残缺的触角和很多黏液。大家是不是可以想到一堆堆的触角还有黏液的画面呢？

还有同学说蜈蚣用它的脚把蜗牛的壳全都掰碎了，插到鞋柜上，所以鞋柜上就留下了蜗牛破碎的壳以及黏液等。

当然，想象也可以温和一点。比如有同学就说，蜈蚣把蜗牛围在了鞋柜上，所以鞋柜上留下了蜈蚣的好多脚印和蜗牛的爬行印记。

线索可以是多种多样的。重点不是线索如何，而是要有线索，而且线索要清晰可见、容易回想、容易判断此处曾经发生的是什么。

2. 寻找记忆宫殿的要点

从家里、学校、校区、商场等地方都可以找到记忆宫殿，你也可以像我一样在图片上找记忆宫殿。

寻找记忆宫殿的一些要点：

第一，初学者一般每个房间找10个地点，要按顺序标注好。等到熟练之后，在一个房间找20~30个地点也是没有问题的。

第二，每个地点不要太大也不要太小。太大了浪费空间，而且容易失去在上面记忆的信息；太小了空间不够，放置一些体形大的信息时容易承载不住。一般来说，初学者寻找的地点的大小在一本书到一张桌子的范围比较合适。当想象力足够好了之后，就可以不受这个地点大小的限制了。

第三，地点要有区分度。每个地点都要有自己独特的地方，可以是物品本身独特，可以是形状独特，也可以是颜色独特，还可以是材质独特等。相似的地点容易让人回忆时产生混淆，比如在同一个房间中找了两张一样的凳子，在回忆的时候就容易将这两张凳子上放置的物品混淆。

第四，顺次两个地点之间的间隔合适。顺次两个地点之间的间距太大，就会加大回想跨越的空间，容易使回忆中断；间距太小，则容易使记忆的内容叠加而产生混淆或遗漏。

请找个本子，把记忆宫殿记录下来，最好是以图文并茂的方式。

3.记忆宫殿实战分解

使用记忆宫殿记知识点的方法：

第一，理解并找出关键词。

需要理解原文内容，把信息处理成易于使用记忆宫殿的格式，也就是条目式，这样可以每一条对应一个地点。找出对应的关键词，关键词一定要尽可能出现对应的图像，因为有图像感的内容更加好记，也更容易放到我们的记忆宫殿中。

第二，找出相应数量的地点桩。

第三，将关键点跟地点桩联结定位。

例：世界十大文豪。

古希腊诗人荷马，意大利诗人但丁，德国诗人、剧作家、思想家歌德，英国积极浪漫主义诗人拜伦，英国文艺复兴时期剧作家、诗人莎士比亚，法国著名作家雨果，印度作家、诗人和社会活动家泰戈尔，俄国文学巨匠列夫·托尔斯泰，苏联无产阶级文学奠基人高尔基，中国现代伟大的文学家、思想家、革命家鲁迅。

第一步，理解并找出关键词。在这个案例中，我们直接选用人名作为关键词即可。

第二步，找出相应数量的地点桩。如下图房间所示，找到10个地点桩。

第五章
超强记忆的八大核心方法

第三步,将关键词跟地点桩联结定位。

1 凳脚—荷马:"荷马"谐音"河马",想象凳脚下钻出来一只大大的河马,湿漉漉的,还把凳脚撞断了。

2 沙发凳—但丁:但丁可以想象成鸡蛋布丁,想象沙发凳上洒满了鸡蛋布丁,甜腻腻的感觉。

3 三脚架—歌德:歌德可以想象成唱歌的德国人,想象三脚架上靠着一个唱歌的德国人,他抱着三脚架卖力地歌唱。

4 灯罩—拜伦:拜伦可以想象成拜一个轮子,想象灯罩上有个人在拜一个轮子,轮子在灯罩上得意地转动。

5 壁画—莎士比亚:莎士比亚可以想象成沙琪玛。当然,如果你熟悉莎士比亚的样貌,直接想象壁画里画着莎士比亚在吃沙琪玛,边吃边说真好吃,这样也可以。

6 靠枕—雨果:雨果可以想象成雨天的苹果,想象靠枕上堆满了雨天的苹果,红红的,脆脆的,还有雨滴将靠枕打湿了。

7 小桌—泰戈尔:"泰戈尔"谐音"tiger 老虎",可以想象小桌上趴着一只老虎,用爪子疯狂地抓小桌,抓穿了。

8 毯子—列夫·托尔斯泰:列夫·托尔斯泰,可以拆分,列夫是一列夫人,"托尔斯泰"谐音"托着耳朵的师太",想象毯子上坐着一列夫人在听托着耳朵的师太讲话。

9 铁凳—高尔基:由"高尔基"想到高高的耳机,想象铁凳上挂着高高的耳机，耳机的声音把铁凳震裂了。

10 挂灯——鲁迅：想象挂灯照耀着鲁迅，鲁迅用手去挡灯光。

八、压缩饼干法

人的大脑看到记忆内容多的时候会感觉吃力，从而产生抗拒感。大脑喜欢记少量的信息，记忆内容越少，大脑就会觉得越好记，从而提高记忆的积极性。压缩饼干法又叫作超级压缩法，就是提炼信息的关键点，对关键点再进行浓缩整合，使记忆的内容大幅减少的一种方法。

超级压缩法有三种压缩模式，分别是提字压缩、关键词压缩和归纳压缩。

1. 一字千金，提字压缩法

（1）提字压缩法步骤

提字压缩，就是从每一个需要记忆的知识点中提出一个字来，然后把提取的所有字关联起来，变成一个有意义的整体。当我们记住整体之后，再将这些提取出来的字作为记忆的钩子，把知识点钩取出来。

提字压缩法适用于一个题目下有许多零散知识点，且每个知识点就是一个词或者一个短语的情况。例如我们经常碰到的某某作家的众多作品的信息，或者某个地区包含哪些国家之类的信息。

提字压缩法的步骤如下：

首先，通读信息，理解每一个信息的含义。

其次，从每个信息中抽取出一个字，要做到信息与字相对应，也就是看到这个提出的字可以回想起这个信息。

再次，把提取出来的所有字组成一个整体。可以通过谐音法等方法将这些组合在一起的字都记下来。

最后，通过记下来的字回想原来的信息，进行查漏补缺和复习。

例：文学常识记忆。

三苏是指苏洵、苏轼、苏辙。

提字：洵、轼、辙。

压缩：组合谐音"巡视者"。

记忆：三苏是巡视者。

（2）提字选择要求

有人会问，具体应该提取哪个字呢？有没有什么要求呢？

其实没有特定的要求。但是你提取的字应该比较有代表性，即比较好根据这个字回想起代表的知识点。如果你提取的字比较好跟提取的其他字组成一个词语，这个字就有利于实现压缩。有时候我们提字压缩并不能一次就获得令自己满意的结果，需要多试几个字，这样才能看出提出哪个字最有利于我们记忆。

例：地理知识记忆。

有位学者要研究不同煤矿的特点，选取了以下十二处煤矿产地，大同、阳泉、鸡西、开滦（luán）、赤峰、抚（fǔ）顺、淮北、六盘水、鹤岗、淮南、平顶山、阜（fù）新。

提字：大、泉、鸡、开、峰、抚、淮、六、鹤、淮、平、阜。

压缩：大泉鸡，开封府，怀六鹤，怀平腹。

记忆：煤矿送了一只用大泉水养的鸡给开封府，结果鸡怀了六只鹤，怀的时候居然还是平腹的。

其实在处理的过程中，当我们看到"开滦、赤峰、抚顺"的时候，可以提取"开、赤、抚"。但是我们发现"开赤抚"不容易转化成能理解的信息。于是，我们回头去看，在"赤峰"中提出了"峰"字，因为"开……抚"，很容易让我们联想到"开封府"，这个"峰"字正好满足这个谐音。

（3）知识预处理

很多人学习记忆方法时，感觉听老师讲的时候一听就懂，一懂就记下来了，但是自己实战应用的时候却半天用不出来。原因就是没弄明白怎么处理信息。经过老师思维处理的信息已经是易于套用方法的，但是平时要记忆的信息千变万化，难以直接套用各种方法。学生要么是没有学过预处理的方法，要么是压根不知道原来很多适用方法的内容都是需要预处理的，所以他们在运用记忆法时少用了预处理的步骤。

根据我多年的经验，多条目的知识点有两种类型：顺序型和无序型。

顺序型就是列出来的知识点是按顺序排列的，你不能调换知识点的位置，多见于递进型的知识点、步骤型的知识点和因果型的知识点。

无序型就是不需要按顺序排列的，你可以任意调动知识点的位置，多见于并列型的知识点。例如我要去买西瓜、苹果、梨子和香蕉，跟我要去买香蕉、梨子、西瓜和苹果是一样。

对于顺序型的知识点，记忆时要注意不能改变知识点的排序，只能采取按顺序提字组合的方式。在处理的过程中，可以尝试各个知识点中不同的字，找出比较好的文字组合。比如，历史朝代就是顺序型的知识点，你不能变换朝代的顺序。又如，物理化学的实验步骤，一步都不能乱。

对于无序型知识点的预处理思路就多一点，可以有三步。第一步，试着提字，如果提出的字任意组合能得到比较不错的组合，就可以保留相关的组合，并且调整知识点顺序，把这些知识点按照组合的顺序重新排列。第二步，对于无法获得较好的组合的提字情况，可以部分或者全部更换提取的字，再进行任意组合。第三步，实在没有办法组合的知识点，采用强硬组合的模式，人为地创造联结，用谐音、替代等方法将提取出的字变成一个整体。

例：调查生物的一般方法。

观察法、调查法、资料分析法、分类法、探究实验。

提字：观、查、资、分、实。

压缩：观察子分食。

记忆：调查生物的时候观察兔子是怎么分食的。

提字压缩练习1：

我国的五个自治区：内蒙古自治区、广西壮族自治区、新疆维吾尔自治区、宁夏回族自治区、西藏自治区。

提字压缩练习2：

东盟十国：老挝、马来西亚、新加坡、菲律宾、越南、泰国、柬埔寨、印度尼西亚、文莱、缅甸。

2. 词词达意，关键词压缩法

（1）关键词的要点

关键词压缩法就是指从知识点中提取关键词，把关键词整合成一个整体，实现压缩。可以是串联在一起，也可以是画成一个整体，还可以是定位记忆。最后通过记下来的关键词回溯原内容是什么。

关键词压缩适用于简答题、论述题和文段记忆等篇幅稍大的内容。因为只提取一个字已经难以保证我们迅速回想起对应的一个句子或者几个句子，所以我们需要提取关键词。关键词可以构成我们回忆的线索，记住关键词之间的关系后，再用关键词提示原文内容。

什么样的词才是我们要提取的关键词呢？

第一种，核心概念关键词，也就是最重要、最核心的概念。这一种关键词跟内容的属性相关。比如记叙文中写人的外貌、神态、动作、心理、情感、性格、品质等的词语，写事的时间、地点、人物、起因、经过、结果的词语，状物的形状、大小、颜色、组成部分、突出特点、代表精神等词语；说明文中与主体、要说明的各个方面、说明方法等相关的词语；议论文中与论点、论据、论证等相关的词语。

第二种，记忆类关键词，这是最容易出图像，最容易让你想起需要记忆的内容的词。这些关键词与自己的记忆过程相关，而不一定与原文的核心概念相关。也就是说，你觉得哪些词可以帮你记住这些内容，就可以自由选择这些词。这种记忆关键词不一定符合记忆内容本身的逻辑结构选取要求，但是对于把知识记下来而言，是够用的。

如果大家需要训练的是严谨的思维能力，平时训练提取关键词就要从内容本身逻辑结构特点去训练。如果只是为了能迅速记下来，就可以用快速的记忆关键词。

（2）关键词压缩法应用步骤

关键词压缩法的步骤：

第一步，通读材料，熟悉材料里面都有哪些重要内容。

第二步，理解材料，寻找材料的关键词。

第三步，确定可以通过看着关键词回忆材料内容。

第四步，将这些关键词组合成一个整体，可以通过组合回想每个关键词。

第五步，通过关键词回忆材料。

例：太平天国运动的意义。

是几千年来农民战争的最高峰；

是中国近代史上一次伟大的反封建反侵略的农民运动；

坚持斗争14年，势力发展到18个省；

它在反对封建主义的同时，又担负起反对外来侵略的任务，同时太平天国的一些领袖还主张学习西方，在中国发展资本主义；

严惩了中外反动势力；

太平天国的光辉业绩，永远激励着中国人民。

处理过程：

首先阅读几遍材料，确保自己能读懂，并熟悉其中有哪些基本的重点内容。

然后提取关键词：太平天国、农民战争最高峰、伟大、双反、14年、18省、双反、学习、资本主义、严惩、激励。

将内容进一步压缩：太平天国、农战高峰、伟大双反、1418、返学资本、严惩、激励。

记忆：太平天国在农战高峰时进行了伟大双反，花了1418万元去返学资本，学会了严惩和激励。

根据关键词回忆原文内容，并对照修正：

太平天国——太平天国运动的意义；

农战高峰——是几千年来农民战争的最高峰；

伟大双反——是中国近代史上一次伟大的反封建反侵略的农民运动；

1418——坚持斗争14年，势力发展到18个省；

返学资本——它在反对封建主义的同时，又担负起反对外来侵略的任务，同时太平天国的一些领袖还主张学习西方，在中国发展资本主义；

严惩——严惩了中外反动势力；

激励——太平天国的光辉业绩，永远激励着中国人民。

这样，我们就实现了关键词压缩。

当然，要具备这种快速挑选关键词进行压缩的能力，需要多训练，多总结。

3. 提纲挈领，归纳压缩法

归纳压缩，就是归纳很多知识点的要点，把它们整合在一起，变成一个整体。我们在日常生活工作中经常会碰到这种压缩模式。比如，"三好学生"中的"三好"就是对"思想品德好、学习好、身体好"进行了归纳压缩。又如，"五讲四美"就是对"讲文明、讲礼貌、讲卫生、讲秩序、讲道德、心灵美、语言美、行为美、环境美"进行了归纳压缩。

归纳压缩对于大规模的学习内容有着良好的化简作用。

例：中国的旧民主主义革命是由资产阶级领导的、以建立资本主义社会和资产阶级专政国家为目的、反对国外侵略者和国内封建统治的革命，其历时为1840年鸦片战争到1919年五四运动这79年。

经过归纳总结，我们可以将这段历史时期内发生的重要事件归纳压缩成"五、四、三、二、一"。

五：五次重大的侵华战争，分别是鸦片战争、第二次鸦片战争、中法战争、中日甲午战争、八国联军侵华战争。

记忆方法：提字压缩——"鸦鸦中中八"，可以想象侵华战争中两乌鸦吃了两盅王八。

四：四个重要的不平等条约，分别是《南京条约》《马关条约》《辛丑条约》《二十一条》。

记忆方法：关键词（字）压缩——"南京、马、辛、二十一"，可以想象南京的马辛苦地跑了二十一公里来送不平等条约。

三：三次革命高潮，即太平天国运动、义和团运动、辛亥革命。

记忆方法：故事法，想象太平天国里有个义和团在闹辛亥革命。

二：两个阶级的产生，分别是无产阶级、民族资产阶级。

记忆方法：故事法，想象无产阶级在给民族资产阶级打工。

一：一次失败的变法——戊戌变法。

记忆方法：谐音法，"戊戌"谐音"无须"。为什么这次变法会失败？

因为根本就"无须"变法。

我们在日常学习中还会碰到大篇幅的内容需要记忆，如何使用归纳压缩呢？例如中学生要学习的内容中有很多长篇知识要记忆。

例：在处理个人与集体冲突的时候，有一些需要注意的问题。

问1：当个人意愿和集体规则发生矛盾甚至冲突时，我们应该怎样做？

答：个人意愿服从集体的共同要求。理解集体要求的合理性，反思个人意愿的合理性和实现的可能性，我们就可能找到解决冲突的平衡点。

问2：如何正确处理个人利益和集体利益的关系？

答：当个人利益与集体利益发生冲突时，应把集体利益放在个人利益之上，坚持集体主义。承认个人利益的合理性、保护个人正当利益的前提下，反对只顾自己、不顾他人的极端个人主义。

问3：在集体生活中与他人发生矛盾和冲突时，应该怎么做？

答：当遇到矛盾和冲突时，我们要冷静考虑，慎重选择适当的处理方式。无论个人之间有多大的矛盾和冲突，我们都应当心中有集体，识大体、顾大局，不得因个人之间的矛盾做有损集体利益的事情。

问4：如何处理自身节奏和集体旋律之间的关系？

答：每个人都有自己的生活节奏，当自己的节奏与集体的旋律和谐时，我们就可以顺利地融入集体。当自己的节奏与集体的旋律不和谐时，为了保持旋律的和谐，我们需要调整自己的节奏。当遇到班级、学校等不同集体之间的矛盾时，我们应从整体利益出发，自觉地让局部利益服从整体利益，个人利益服从集体利益。

解答：初一《道德与法制》中的内容多与自己的成长与生活密切相关，所以可以用关己记忆法，又因要背的内容太繁杂，可以用压缩记忆法。

关己记忆法：把要记的内容跟自己关联起来，好像自己就是主角，进入到内容的场景中去。想象"个人"就是你自己，"集体"就是你的班级。

归纳压缩记忆法：把内容归纳压缩成最精髓的内容，记住精髓内容，再根据精髓内容——回想原来的内容。

问答条目	压缩	还原
1	问题压缩：你和班级冲突怎办？（将"冲突"形象化为"打架"。你打得过全班吗？） 回答压缩：服从班级，理解班级	服从班级——个人意愿服从集体的共同要求 理解班级——理解集体要求的合理性，反思个人意愿的合理性和实现的可能性，我们就可能找到解决冲突的平衡点
2	问题压缩：你和班级利益的关系？ 回答压缩：班级利益优先，你的利益也要合理保护	
3	问题压缩：你与同学冲突怎么办？ 回答压缩：冷静，别打架，班级和谐	
4	问题压缩：你和班级节奏的关系？ 回答压缩：要步调一致，调整自己，服从集体	

请你试试自己用压缩的内容还原出原文。总之，不管运用哪种压缩方式，超级压缩法的应用步骤都可以简化为：

第一，阅读并理解原内容；

第二，提取核心内容压缩；

第三，根据核心内容还原。

九、方法叠加，优势互补

以上的八大方法可以单独使用，也可以叠加使用。有时叠加的效果会特别好。很多人说记忆宫殿太难找，地点数量太少，不够用，那就可以用故事情景法和超级锁链法结合记忆宫殿，先一次记下五到十个信息，再把这个信息放到记忆宫殿中。

有人觉得让知识跟一个不相关的记忆宫殿联系起来，没有形成内在的逻辑关系，不利于长期记忆，也不利于知识点的应用。这个时候我们可以用内生定位的方法。下面给大家举例最好用的一种可叠加的方法——画图定位法。

画图定位法就是根据主要内容画一个物体图像，用这个图像上的不同地点来定位知识点。

如何用画图定位法记大量知识点？

第一步，找出知识点中涉及的物体；

第二步，根据知识点的数量在这个物体上找到相应数量的定位点；

第三步，用定位点跟知识点产生联想；

第四步，根据物体回忆知识点；

第五步，达到不用物体也能回忆知识点的目标。

例：鸦片战争的意义。

打击中国的经济；

大量输入鸦片；

中国门户被打开，沦为半殖民地半封建社会；

受到不平等条约束缚；

民族自信心被动摇。

如何找到切题的物体来画图呢？

可以用题目分解法，分解题目以找到合适的物体图像。鸦片战争—鸦片、战争—鸦、片、战、争。

也可以用内容归纳法：归纳内容里讲了什么东西，从涉及的东西中找到合适的来画图。

在这个案例中，我们可以找一只乌鸦，在乌鸦的身上找到五个定位点：嘴巴、头顶、翅膀、尾巴、爪子。

然后以"内容—关键词—图像"的格式，对要记忆的内容进行关键词提取和形象化：

打击中国的经济—经济—钱；

大量输入鸦片—鸦片—香烟；

中国门户被打开，沦为半殖民地半封建社会—门户—门；

受到不平等条约束缚—束缚—绳子；

民族自信心被动摇—自信心—心；

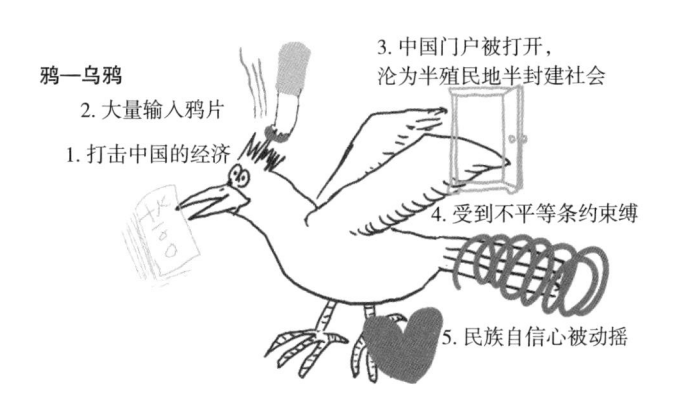

鸦—乌鸦
1. 打击中国的经济
2. 大量输入鸦片
3. 中国门户被打开，沦为半殖民地半封建社会
4. 受到不平等条约束缚
5. 民族自信心被动摇

如图所示，乌鸦嘴巴叼着钱，代表关键词经济，还原成打击中国经济。

乌鸦头上点着香烟，代表关键词鸦片，还原成大量输入鸦片。

乌鸦翅膀拍打门，代表关键词门户，还原成中国门户被打开，沦为半殖民地半封建社会。

乌鸦的尾巴上缠着绳子，代表关键词束缚，还原成受到不平等条约束缚。

乌鸦脚抓着心，代表关键词自信心，还原成民族自信心被动摇。

这种画图定位法常被用于一对多的题型，如多选题、问答题。大家也可以将其理解为关键图像定位法。

关键：读懂并找出关键词。

图像：确定定位物体图像。

定位：关键词定位到图像上。

练习：郑和下西洋的意义。

郑和下西洋加强了中国与亚非各国人民之间的经济文化交流和友好来往，而且推动华侨移居南洋，促进了南洋地区社会经济发展。

但郑和下西洋的目的主要是宣扬国威和到西洋"取宝"，不计经济效益；用来输出的物品也大多由官府督造或低价强征硬派，造成大量手工工匠逃亡。

随着明朝国力衰退，远洋航海的壮举也最终被废止。

请你用关键图像定位法解决这个题目。

第一步，读懂，找到一个合适的物体来画图。

第二步，根据需要记忆的数量，在图上找到对应数量的定位点。

第三步，将关键词定位到图像上。

第四步，回忆。

八大方法的最后，跟大家分享一下我这么多年应用方法解决问题的心得：方法是死的，人是活的。本书抛砖引玉，通过众多方法和案例助你悟出自身的智慧，进而触类旁通，生发出无穷无尽的智慧。

第六章

中文领域的
超强记忆法

CHAPTER 6

一、语文领域记忆法

1. 破解字音字形记忆系统

（1）造字六法

汉字的造字方法有六种：象形、指事、形声、会意、转注、假借。如何把这些内容记下来呢？可以想象一只大象（象形）用手指（指事）在弹钢琴，弹出美妙的声音（形声），让假面（假借）舞会（会意）上的人随着钢琴声转圈圈（转注）。

象形字来源于事物的形象，指事字是在形象字的基础上加上特定的符号指事，它们都可以用象形记忆法来记，想象出这个字代表的图像就可以了。

形声字是形一半，声一半，其中有上形下声、下形上声、左形右声、右形左声、内形外声和外形内声等。通过拆分法可以记单字，通过归类法可以记一系列字，如声旁"包"，可以引申出抱、饱、泡、跑、鲍、炮、孢、袍、刨、苞等。

会意字是两个及两个以上的独体汉字，把各自的含义组合起来而形成一个新汉字。就好像是几个人在开会，每个人都有不同的意见，最后把大家的意见综合起来就形成了一个新的意思。会意字跟形声字的本质区别就在音方面。会意字的发音跟组成它的几个部分的发音都没有关系，而形声字的发音一般跟其中一个部分有同韵母关系。会意字也可以用拆分记忆法记忆。比如，"笔"拆分为"竹""毛"，形象理解成竹子加上毛就变成了笔。又如，"泪"拆分为"水""目"，水在眼睛边上，那就是泪。类似的字还有很多，如"尘"为"小""土"，"尖"分"小""大"，"明"如"日""月"等。

转注和假借在日常生活中应用不多，就不多阐释了。

（2）观察细节

汉字的记忆需要认真观察。比如，常见的汉字"冒"字，上面不是"曰"字，中间一横和下面一横都没有跟两边挨到一起。下面大家认真观察这几个字："周"字里面是"土"不是"士"；"肺"字的右边不是"市"；"黄"字中间是"由"；"考"字下面是"巧"的右边；"美"字上面是"羔"的上半部分，下面是"大"字；"尴尬"里面没有"九"。

汉字中还有很多容易在日常生活中用混的字，例如"哈密瓜"的"密"，"挖墙脚"的"脚"。这些都需要我们认真观察才能辨析清楚。

（3）以熟记新

除了认真观察，在记忆的过程中还有一些非常巧妙的方法可以让我们迅速记住字音字形。例如，明成祖朱棣的"棣"，发音是 dì。我们可以找一个绝对不会念错的字跟这个发音联系起来，比如"皇帝"的"帝"，"弟弟"的"弟"，"地板"的"地"。我们观察一下，这个字是形声字，是由"木""隶"组合而成的。然后把字形结构和发音对应的熟字联系起来，可以想象木头把奴隶狠狠压倒在地上。这样就实现了字音字形的结合记忆。

学会这个方法之后，我们可以把生僻字的记忆变成像游戏一样好玩。例如，三个"牛"在一起组成的"犇"念什么？答案是念 bēn。"犇"字本来的意思是指牛受惊奔走，后来泛指奔跑。我们可以找"奔"字来帮助我们记忆，想象三头牛在奔跑。

（4）多音字读音辨析

还有一些多音字，需要从应用的角度对读音进行区分，以便未来遇到新词时也可以读对。比如，"数"字有三种发音：shǔ、shù 和 shuò。怎么区分呢？我们可以从词性上区分，shǔ 用于动词词性，如数星星、数钱、数羊等；shù 用于名词词性，如数目、数学、数据等；shuò 多用于形容词词性，代表很多的意思，如数见不鲜。

2. 词语的记忆与辨析

从词性上分类，可以把词语分成实词和虚词两大类。

实词有名词、动词、形容词、数词、量词、代词。

虚词有副词、连词、介词、助词、叹词、拟声词。

我们可以编一个记忆口诀将这些词性记下来：名动形，数量代，副连介助叹拟声。还可以进一步使用谐音法，把这个口诀变得更加形象生动：名动心，数两袋，妇联接住叹一声。意思是说看到名牌动心了，数了两袋钱，妇联接住这两袋钱之后感叹了一声——真有钱！

区分清楚词性之后，单个的词语我们可以从字形、意思、应用方面去着手强化记忆。例如有道题目：

下面哪个是正确的？

A.关怀备至　　　　B.关怀倍至

正确答案是 A。我们从字形跟意思的关联入手，从解释上去理解为何用"备"字。关怀备至是指关心得无微不至，这个备就代表了详备、很细微的意思。我们可以对这个"备"字进行印象强化，比如可以想到刘备，你可以联想：刘备对人关怀备至。

同样地，我们在记忆"长年累月"的时候，很容易把"长"混淆成"常"，所以我们在记这个词的时候，首先理解意思。长年累月是指经过了很长的时间，所以这个"长"代表的是时间的长度。你可以重点强化这个"长"，想到时间好长啊，真是长年累月。

对于十几、几十个词语的记忆，我们可以用前面学习的超级锁链法、故事法等方法快速记忆。对于几百个词语的记忆，则可以结合使用超级锁链法和记忆宫殿法。

平时在学校训练词语记忆时，可以用课后生词训练，也可以用英语单词表训练。记得我读小学的时候，语文老师就喜欢让我们快速记住一篇课文的课后生词，然后每次抽八个学生到黑板上默写刚刚记下来的词语。这种训练方法也是很有效的，可以训练我们在压力状态下的复现能力。

3.北斗七星古诗记忆法

我把完整的古诗记忆方法总结成"北斗七星古诗记忆法"。

（1）断句法

七言古诗易断成四加三结构或者是二二三结构。我比较喜欢四加三结构。例如：

江畔 / 独步 / 寻花

［唐］杜甫

黄四娘家 / 花满蹊，千朵万朵 / 压枝低。

留连戏蝶 / 时时舞，自在娇莺 / 恰恰啼。

为什么要断句呢？第一是节奏感强，第二是断开之后等同于整首古诗只记十个词语左右，用超级锁链法可以轻松记住。

（2）押韵法

古诗一二四小句大多是押韵的，《江畔独步寻花》中的"蹊、低、啼"也是押韵的。押韵不仅让诗读起来朗朗上口，还可以作为回忆的线索。

（3）意思故事法

背古诗最好先理解意思。意思故事法就是根据整首古诗的翻译，把古诗想象成一个完整的故事，或者把它拍成一个电影。用古诗本身具有的背景，选取作者和古诗中出现的人物，按照古诗的故事情节去展开。故事展现完成，古诗也就记下来了。

（4）首字串联法

所谓首字串联法，就是把每一句诗的第一个字提取出来，把这几个字组成一个有意义的整体。

为什么要用首字串联法呢？你是否遇到过这样的情况：记得前一句但是不知道后面一句是什么？很多时候，我们一句话记得下来，但是同时记四句就记不下来，或者回想不起来。根据记忆的这个特性，我们研究出了非常简单的记忆方法，也就是每次就记一句，记完一句之后，我们只需要提醒第一个字，就能把后面回忆出来。所以，只需要把每句话的第一个字按顺序记下来就可以回忆出整首古诗了。

例：《江畔独步寻花》提取首字。

黄、千、留、自

首字组合意义：黄千留自，可以想象黄金千两留给自己。

跟题目对应记忆：杜甫江畔独步寻花的时候发现黄金千两，然后都留给了自己。

还原：

黄——黄四娘家花满蹊，

千——千朵万朵压枝低。

留——留连戏蝶时时舞，

自——自在娇莺恰恰啼。

例：唐朝柳宗元的《江雪》提取首字。

千、万、孤、独

首字组合意义：千万孤独。

跟题目对应记忆：柳宗元在江雪里面钓鱼，感觉到千万孤独。

还原：

千——千山鸟飞绝，

万——万径人踪灭。

孤——孤舟蓑笠翁，

独——独钓寒江雪。

明白了吧？一般的记忆老师只会直接给你答案，所以轮到自己操作的时候你总感觉不顺手。高效记忆是一个系统性工程，如果只是片面地学习一招一式，在应用的时候会出现很大的困难。

在这里，梁老师不仅教你处理信息的过程，还会把重要的还原步骤教给你。经过我训练的学员，一般能比其他地方训练出的学员更加灵活地应用各种记忆法，原因就是他们不仅知其然，还知其所以然。

记忆的好坏其实就是系统的好坏。系统里面重要的除了元素就是元素之间的关系，以及系统的流程。想要记忆方法用得好，不仅要注重记忆方法和记忆材料的组合，更要注重材料的加工流程，也就是信息处理的流程。

（5）关键词串联法

找到诗歌里面的关键词，并想象出对应的图像，将这些图像串联起来，可以用超级锁链法串联，也可以用故事法串联。

下面跟着老师的节奏把《江畔独步寻花》这首诗中所有的图像想象出来：

江畔、独步、黄四娘家、花、千朵万朵、枝、戏蝶、娇莺。然后在脑海中把这几个图像用超级锁链法串成一个整体图像。最后根据串联起来的关键词逐句回忆。

（6）画图法

画图法就是把古诗画成图像，利用图像帮助我们记忆古诗词。用画图法记古诗，不光记得快，更重要的是记得牢，还能加深对古诗的理解。

画图法记古诗三大要点：

◎以画名词为主，画完一句马上记住这一句。

◎在图像旁边对应的位置写相应的文字。

◎找到诗歌中各种事物的方位顺序，画成一张完整的图。

（7）表演法

表演法就是用自己的肢体动作把古诗表达的内容表演出来。背景可以用手在空中描绘，人物就当作主人公，说到动作的时候就用自己的行动表达出来，说到动物、植物或者其他物品的时候就用手大致比画一下这个东西。

以上七种方法合称北斗七星记忆法。下面用古诗画面定位法将这七种方法迅速记下来。

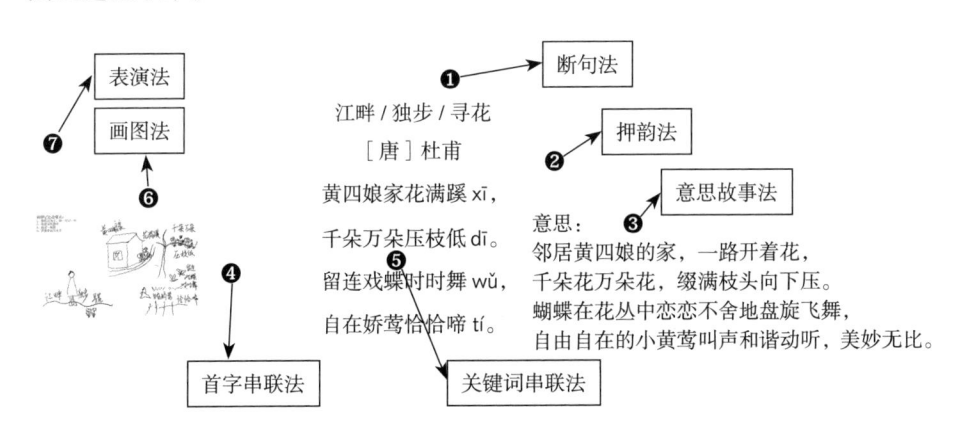

❶ 断句法
❷ 押韵法
❸ 意思故事法
❹ 首字串联法
❺ 关键词串联法
❻ 画图法
❼ 表演法

江畔 / 独步 / 寻花
［唐］杜甫
黄四娘家花满蹊 xī，
千朵万朵压枝低 dī。
留连戏蝶时时舞 wǔ，
自在娇莺恰恰啼 tí。

意思：
邻居黄四娘的家，一路开着花，
千朵花万朵花，缀满枝头向下压，
蝴蝶在花丛中恋恋不舍地盘旋飞舞，
自由自在的小黄莺叫声和谐动听，美妙无比。

4. 突破古文记忆难题

古诗的记忆方法都可以移植到古文中。

（1）画图定位法记古文

下面我将用一个简单的例子教大家如何用画图定位法记忆古文。

陋室铭
［唐］刘禹锡

山不在高，有仙则名。水不在深，有龙则灵。斯是陋室，惟吾德馨。苔痕上阶绿，草色入帘青。谈笑有鸿儒，往来无白丁。可以调素琴，阅金经。无丝竹之乱耳，无案牍之劳形。南阳诸葛庐，西蜀子云亭。孔子云：何陋之有？

第一部分，理解：

·先别管记忆，读通每一句，这样就减轻了压力。

·理解每一句的意思，想象出相应的图像，加强印象。

第二部分，记忆：

·每一句都在脑海中想象图像，图像要贴切而生动。

·想象图像的时候，用图像中的不同位置记住对应这个位置的文句。

·根据图像回忆原文。

下面就按照以上的理解部分和记忆部分对每一句进行操作。

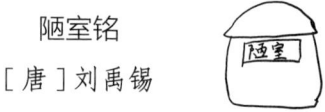

陋室铭
［唐］刘禹锡

山不在高，有仙则名。水不在深，有龙则灵。

意思：山不在于高，有了神仙就会有名气。水不在于深，有了龙就会有灵气。

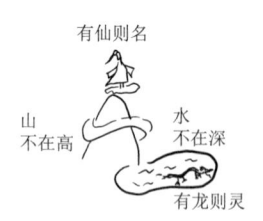

斯是陋室，惟吾德馨。苔痕上阶绿，草色入帘青。

意思：这是简陋的房子，只是我品德好就感觉不到简陋了。苔痕碧绿，长到台阶上，草色青葱，映入帘子里。

第六章
中文领域的超强记忆法

谈笑有鸿儒，往来无白丁。可以调素琴，阅金经。无丝竹之乱耳，无案牍之劳形。

意思：到这里谈笑的都是博学之人，交往的没有知识浅薄之人。可以弹奏不加装饰的琴，阅读珍贵的经文。没有弦管奏乐的声音扰乱耳朵，没有官府的公文使身体劳累。

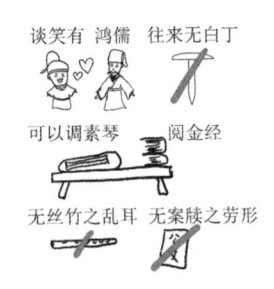

南阳诸葛庐，西蜀子云亭。孔子云：何陋之有？

意思：南阳有诸葛亮的草庐，西蜀有扬子云的亭子。孔子说：这有什么简陋的呢？

记忆完成之后，尝试遮住文字，看着图像回忆原文。回忆得出来就证明图像跟文字的关联已经形成，可以尝试不看图像，仅凭脑海中留下的图像印象去回忆原文内容。最后，根据完整的图将古文完整地回忆出来，有纰漏的地方马上强化。

（2）理解含义加脑内构图法记古文

下面我们再用三十六计的内容来做个示范。

例：三十六计第一计——瞒天过海。

原文：备周则意怠，常见则不疑。阴在阳之内，不在阳之对。太阳，太阴。

好，我们先理解原文。

备周则意怠——防备十分周密，往往容易让人斗志松懈，战力削弱。

常见则不疑——平常见惯了的事物，就不容易引起疑心。

阴在阳之内，不在阳之对——此计中所讲的阴指机密、隐蔽；阳，指公开、暴露。阴在阳之内，不在阳之对，在兵法上是说秘计往往隐藏于公开的事物里，而不在公开事物的对立面上。

太阳，太阴——非常公开的往往蕴藏着非常机密的。

古人惜墨如金，能用两个字表达的，就不会用三个字。这也与古代的文字很长一段时间都是刻在竹简上、写在绢上有关系。一切都以省力为原则，就像宇宙万物的规律其实很简单，就是最省力原则。光会沿着最省力的路径传播，电流会沿着阻力最小的地方流。根据省力原则，我们来分析一下记忆信息的五种难度。什么样的信息记忆的时候最省力？我们日常接触的信息分为五种：情感、图像、声音、文字、数字。几百万年的进化使人的大脑对于情感、图像是非常好接受的。其次是声音，再次是文字，最后是数字。为了适应大脑的信息接受特征，我们在记忆时可以将困难的、难以理解的信息变成简单的、容易理解的信息。

我们的教育提倡学生对知识进行诵读，就是将我们的文字信息变成声音信息。为了记得更好，我们不仅要读，还要用富有感情的声音去读。读的时候一定要记住带着感情，带着语音语调的变化，这样才能对大脑造成更深的刺激，激发出大脑最容易记忆的情感。

更高级别的方式是进行文字的理解，在大脑中形成形象感。例如我们在读"备周则意怠"时，可以根据意思在大脑中想象一个场景：一群卫兵准备得非常周密，所以他们一个个都放松了警惕。当我们读着"常见则不疑"时，可以想象这群卫兵经常看到一个人进进出出，所以就对他不怀疑了。而我们读"阴在阳之内，不在阳之对"时，就想象一下月亮在白天也可以出来，这样就是在阳光里面了，这个时候"太阳、太阴"就是非常明显的，可以想象成太阳对着月亮了。

好了，这是非常简单的一种利用解释去想象构建相关图像的方法，也就是读着相关的内容，想象相关的意思对应的物体和景象。当然，也可以用画图定位法在纸面上解决这里的记忆内容。

（3）数字定位法记古文

下面，我们来体验用数字定位的方法记古文。下面用中小学必背古文《滕王阁序》来示范，这里只列举部分，其余的原理是一样的。

滕王阁序（节选）

［唐］王勃

豫章故郡，洪都新府。星分翼轸（zhěn），地接衡庐。襟三江而带五湖，控蛮荆而引瓯（ōu）越。物华天宝，龙光射牛斗之墟；人杰地灵，徐孺下陈蕃（fān）之榻。雄州雾列，俊采星驰。台隍（huáng）枕夷夏之交，宾主尽东南之美。都督阎公之雅望，棨（qǐ）戟（jǐ）遥临；宇文新州之懿（yì）范，襜（chān）帷（wéi）暂驻。十旬休假，胜友如云；千里逢迎，高朋满座。腾蛟起凤，孟学士之词宗；紫电青霜，王将军之武库。家君作宰，路出名区；童子何知，躬逢胜饯。

记忆方法：先读两三遍原文，保证每个字都认识，大致读通畅，然后看看大致的解释，对情节和内容有个大致了解。

了解内容之后，可以用数字定位法进行记忆。每一句可以用一个数字密码进行定位。数字密码并不是固定的，可以根据内容的需求来进行选择。比如，1可以是一根棍子，也可以是铅笔，还可以是大树、蜡烛、光线等。

在做记忆转化之前，要确保意思已经弄明白了。记忆转化的过程中，可能会为了转化图像，曲解某些部分的原意，这就是为什么要正确理解在先，记忆法处理在后。这是在记忆处理过程中常用的方法——刻意图像转换。

下面是记忆处理的过程。

〔1〕豫章故郡，洪都新府。

先读几遍，"豫章故郡，洪都新府。豫章故郡，洪都新府……"建立语感，有个基础的印象。后面的每一句正文都要按照这个要求读，不再做说明。读熟之后再处理成记忆的图像。

处理：1像树，章可以借用一枚印章的图像，洪可以借用洪水的图像。

想象：树上挂着豫章，树下流着洪水。

回忆：章——豫章故郡；洪——洪都新府。

〔2〕星分翼轸，地接衡庐。

处理：2像天鹅，星可以借用星空的图像，地可以借用地面的图像。

想象：天鹅从星空落到地面上。

回忆：星——星分翼轸；地——地接衡庐。

〔3〕襟三江而带五湖，控蛮荆而引瓯越。

处理：3可以联想三江，关键词三江、五湖、蛮荆、瓯越。蛮可以组词想象成野蛮人，瓯可以谐音想象成一只只海鸥。

想象：三江五湖都是野蛮人在捉海鸥。

回忆：三江、五湖——襟三江而带五湖；蛮、瓯——控蛮荆而引瓯越。

〔4〕物华天宝，龙光射牛斗之墟。

处理：4像船，选取关键词物华天宝、龙光、牛。

想象：船上都是物华天宝，发出龙光射到牛。

回忆：物华天宝——物华天宝；龙光、牛——龙光射牛斗之墟。

〔5〕人杰地灵，徐孺下陈蕃之榻。

处理：5像钩子，选取关键词人、徐孺。

想象：钩子勾着人一个人——徐孺，把他从陈蕃之榻上勾下来。

第六章
中文领域的超强记忆法

回忆：人——人杰地灵；徐孺——徐孺下陈蕃之榻。

〔6〕雄州雾列，俊采星驰。

处理：6像哨子，选取关键词雄州、俊采。

想象：哨子响起来，雄州人排列到一起选俊才。

〔7〕台隍枕夷夏之交，宾主尽东南之美。

处理：7可以想象七个小矮人，选取关键词台、宾主。

想象：七个小矮人睡在台上，家里还有好多宾主。

回忆：台——台隍枕夷夏之交；宾主——宾主尽东南之美。

〔8〕都督阎公之雅望，棨戟遥临。

处理：8像葫芦，选取关键词都督、戟。

想象：葫芦里装着都督，都督拿着戟。

回忆：都督——都督阎公之雅望；戟——棨戟遥临。

〔9〕宇文新州之懿范，襜帷暂驻。

处理：9想到九尾狐，选取关键词宇、暂驻。

想象：九尾狐飞到宇宙中暂驻。

回忆：宇——宇文新州之懿范；暂驻——襜帷暂驻。

〔10〕十旬休假，胜友如云；千里逢迎，高朋满座。

处理：10想到十旬，选取关键词胜友、高朋。

想象：十月份休假了，到处都是胜友高朋。

回忆：胜友——十旬休假，胜友如云；高朋——千里逢迎，高朋满座。

〔11〕腾蛟起凤，孟学士之词宗。

处理：11像两根柱子，选取关键词腾蛟、孟学士。

想象：两根柱子上雕着腾蛟，柱子下站着孟学士。

回忆：腾蛟——腾蛟起凤；孟学士——孟学士之词宗。

〔12〕紫电青霜，王将军之武库。

处理：12谐音婴儿，选取关键词紫电、王将军。

想象：婴儿放出紫电击倒王将军。

回忆：紫电——紫电青霜；王将军——王将军之武库。

〔13〕家君作宰，路出名区；童子何知，躬逢胜饯。

处理：13 谐音医生，选取关键词家君、童子。

想象：医生被家君请回家治疗童子的病。

回忆：家君——家君作宰，路出名区；童子——童子何知，躬逢胜饯。

5.课文的关键图像记忆法

面对记忆量庞大的课文及其他材料时，高效学习的核心就是抓关键。这个关键可以是某些关键的词，还可以是某些关键的概念。在这里，我们将其统称为关键词。高效学习领域有学习力的三剑客：超强记忆、快速阅读、思维导图。而三个领域有一个共同的基础——关键词。下面，我们具体讲解关键词的重要性。

要记忆一篇文章，首先要从这篇文章中找出一些关键词。词语记忆是文章记忆的基础。我们不大可能，也没有必要对文章中的所有词语展开想象，我们只需要把每个句子或段落中的关键词找出来，然后展开想象和联想就可以了。

对于文章理解来说，最重要的是什么呢？应该是找到重点，理解文章的中心意思和各层次的意思、逻辑关系等。文章的重点究竟在哪里呢？我们阅读、理解文章的时候会慢慢发现，文章的重点其实就在每句话的关键词之中！只要找到、找准这些关键词，那么文章的理解就不成问题了！

因此，对于理解来说，最重要的是找准关键词！

不仅理解（思维）、记忆是围绕着关键词来进行的，快速阅读也应该是围绕着关键词来进行的。当我们训练快速阅读的时候，其中一个环节就是训练快速准确地找出句子、段落的关键词的能力。因为一篇文章最重要的部分，通常只占 20% 左右，只要把这 20% 左右的关键词找出来，那么，整篇文章就能够很快理解了。

因此，快速阅读的关键，也是找准关键词！

运用关键词学习法，引导同学们按照科学的步骤，一步步找到核心的关键词，把这些关键词的层次结构整理好、画出来，慢慢对比分析，然后他们就能学会如何鉴别真正的关键词，同时也能够非常准确地理解整段话，甚至整篇文章的意思了！

然后我们围绕这些关键词，教导他们如何运用图像记忆的方法来进行记忆，这样记忆的效率就高很多了。于是，就在这种分析整理的过程中，学员们的理解能力、分析能力、记忆能力，甚至阅读能力、鉴赏能力、写作能力很快获得了提高！

我们要善于围绕关键词来进行学习，在关键词的基础上，灵活运用图像记忆、快速阅读、思维导图等高效学习方法，如此一来，我们的学习能力就会越来越强大！

如果碰到需要记忆的课文，首先读两遍，大概熟悉一下内容，然后就可以进入记忆的操作流程。

第一步：找关键词，关键词转化图像；

第二步：整合图像，利用图像定位；

第三步：由图像回忆短文，再查漏补缺。

例：向往已久的黄河源头就要到了。马踏着柔软的草地，向山顶爬去。也许你想象中的五千多米的高山一定是非常险峻的吧，可是这里却是缓缓的斜坡。

处理过程：

向往已久的<u>黄河源头</u>就要到了。

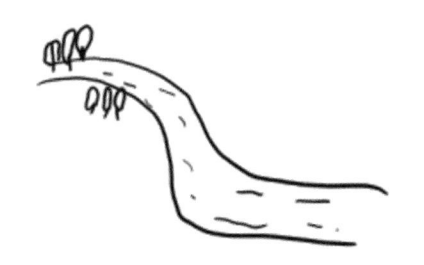

<u>马</u>踏着柔软的<u>草地</u>，向<u>山顶爬</u>去。

也许你想象中的五千多米的高山一定是非常险峻的吧，可是这里却是缓缓的斜坡。

整合图像，并用图像定位法回忆原文：

向往已久的黄河源头就要到了。马踏着柔软的草地，向山顶爬去。也许你想象中的五千多米的高山一定是非常险峻的吧，可是这里却是缓缓的斜坡。

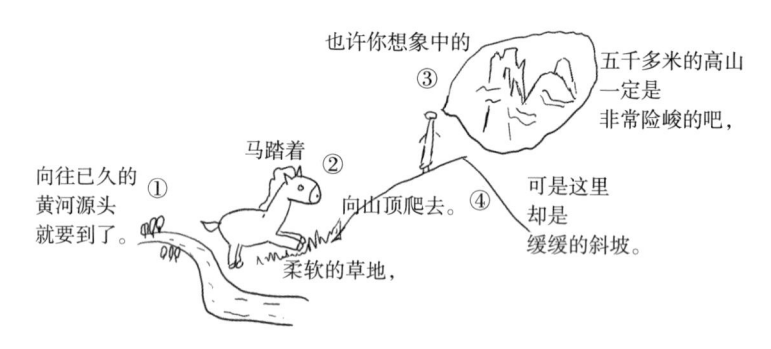

当然，这种方法只是课文记忆的众多方法之一。当你系统掌握科学的记忆方法后，可以根据不同的文体类型灵活设置不同的方法。

6. 文学常识的灵活记忆法

文学常识非常多，其记忆方法也很多。提升记忆效率的思路就是把零散的内容用各种方法变成一个整体。

例：常用的文言疑问代词。

谁、奚、焉、胡、安、何、曷、孰、恶（wū）。

将材料处理一下，变成：谁奚焉，胡安曷何孰恶（wū）。

通过谐音可以转化成：谁吸烟，胡安和何叔屋。

第六章
中文领域的超强记忆法

联想画面（创造画面感）：谁吸烟呢？原来是胡安和何叔在屋里吸烟。

最后，根据画面还原知识点。

例：文言文中，汝、尔、子、君、乃都表示人称代词"你"。

我们可以处理一下：汝乃君子尔。

理解并加上画面感："你是君子"用古文说就是"汝乃君子尔"。

作家和作品集的记忆可以采用串联的方式，将作者和作品编成一个生动形象的故事。

例：老舍的部分作品。

《二马》《一块猪肝》《猫城记》《小坡的生日》《骆驼祥子》《赶集》《火车》《离婚》《老字号》《茶馆》《正红旗下》《四世同堂》。

串联到一起：老舍驾着二马拉着一块猪肝到猫城（《猫城记》）庆祝小坡的生日，路上碰到骆驼祥子在赶集。祥子乘上火车去离婚，然后找了一家老字号茶馆，看到茶馆正红旗下有祖孙四代（《四世同堂》）在合影。

某作家代表作的记忆可以采用抽象转形象的方法结合配对联想的方法。

例：高中语文中常需要记忆的外国作品。

奥斯特洛夫斯基—苏联—小说—《筑路》

我看到这个名字的时候，觉得最容易出现图像的是"斯基"，马上想到"司机"。由"奥斯特"我想到奥斯卡特别奖。由"洛夫斯基"我想到了老夫司机。

所以连起来就是：奥斯卡特别奖颁发给了老夫司机，顺带帮他把去苏联的路都筑好了。

我们可以用表格的方式把这些需要记忆的内容整理到一起，便于记忆处理和复习，下面是范例。

作家	国别	文体	作品
奥斯特洛夫斯基	苏联	小说	《筑路》
巴尔扎克	法国	小说	《守财奴》
巴甫洛夫	俄国	书信	《给青年的一封信》
达尔文	英国	说明文	《物种起源》
都德	法国	小说	《最后一课》

二、政史地、物化生记忆法

大脑处理信息时是左右大脑一起使用的，而不是坊间流传的只用左脑或者只用右脑。左右脑分工只是指不同半球功能的侧重点有所不同。比如左脑擅长语言，但是大脑在处理语言的时候也能感觉到右脑擅长的图像和情感。大脑在记忆图片信息的时候也不是像拍照一样"咔嚓"就拍下来了，而是往往要依靠左脑擅长的分析和语言描述。总之，左脑被称作逻辑脑，主要负责逻辑、语言、数学、文字、推理和分析等功能；右脑被称作图像脑，主要负责图画、音乐、想象、情感、创意等功能。简单来说，左脑逻辑是用于处理信息的，帮助我们理解信息，右脑则帮助我们储存大量信息。我们要顺应大脑特性处理各科目信息。

下面，我们重点介绍由大脑的关键功能衍生的记忆方法。

（1）**逻辑**

寻找逻辑，可以帮助我们在知识点间建立自然联系。创造逻辑，也就是创造出事物之间的关系，你可以形成自己的个性化逻辑。

例：一个人事业或工作的五个方向。

专家、投资家、企业家、上班族、自由业

寻找并创造逻辑，把信息融合成一个整体：专家投资企业，上班的人没有自由。

好了，看看上面的信息，经过逻辑处理后是不是比原来零散的信息更有意义，而且更好记忆了？

（2）**顺序**

找到信息中的规律，或者创造出某种规律都可以大幅简化记忆。

例：购物清单。

黄豆、芝麻、西瓜、鸡蛋、橙子、菠萝、葡萄、大米

从小到大排序：芝麻、大米、黄豆、葡萄、鸡蛋、橙子、菠萝、西瓜。

这样的顺序就属于一种规律。常见的顺序包括时间顺序、空间顺序、逻辑顺序。记忆大师还会设定各种顺序，甚至利用其他有序的事物来一一对应

需要记忆的内容，从而创造定位顺序。

（3）分析

分析，就是分解和解析。分解，就是把一个整体根据一定标准切分成各个部分。可以是做一个层次的切分，也可以是继续做更多层的切分。解析就是弄清楚每个部分的核心是什么，每个部分跟其他部分的联系是什么。

所以分析的过程中，你要弄清楚以下几个重要问题的答案：

- 这个东西是什么？
- 这个东西有哪些部分？
- 各个部分的核心要点是什么？
- 部分与部分之间的关系是什么？
- 这个东西跟其他东西的关系是什么？

（4）右脑功能

右脑有诸多功能，合理利用这些功能，就能令记忆事半功倍。比如，利用绘画能力，记忆时在重要知识点旁边画一个小简图；利用韵律感知力，在阅读时更有韵律感；利用想象力，在记忆时想象知识所涉及的人物、事物和场景；利用情绪感知力，记忆时加上自己的情感体验……尤其是情绪感知力，在各个学科的学习中，如果你能充分融入自己的情感体验，学习的兴趣会上升，学习的难度也就自然下降了。所以，针对每个学科，你都要找到核心的热爱之情。例如在学习政治（道德与法治）的时候，就要带着崇尚道德法治之情，这样你会怀着敬畏之心来学习为人处世之道、治国理政之道，自然也就会与学科特性相融合，记忆也就会顺畅无阻了。

任何科目的学习都有道法、心法和技法。道法就是顺应科目的规律，如庖丁解牛一般理出科目的脉络、重点、关键词；心法就是对科目充满热爱，愿意敞开心扉让知识与自己融为一体；技法就是掌握科目的学习方法和记忆方法。道法、心法和技法相辅相成，缺一不可。

1. 崇尚道德法治，政治记忆法

道德与法治课程涵盖道德、心理、法律、国情，与个人成长、集体关系、社会生活、国家发展息息相关。学习道德与法治就是学习修身、齐家、治国、平天下之道。将所学与自身紧密联系在一起，我们会更关注所学内容，也更容易融入自身体验和记忆。

很多政治（道德与法治）题目的内容都是有逻辑的，我们需要在阅读的时候找出这种逻辑，然后通过逻辑将内容串联起来，从而以顺推的方式记忆内容。

下面用案例来分析，让大家更直观地了解如何记忆政治类的知识。

加快推进以改善民生为重点的社会建设有哪六大任务？

答案：优先发展教育，建设人力资源强国；实施扩大就业的发展战略，促进以创业带动就业；深化收入分配制度改革，增加城乡居民收入；加快建立覆盖城乡居民的社会保障体系，保障人民基本生活；建立基本医疗卫生制度，提高全民健康水平；完善社会管理，维护社会安定团结。

第一步，通读材料，寻找材料在逻辑上的要点。

第二步，提取关键字，应用记忆法记忆关键词。

于是我提取了：教育、就业、分配、社会保障、卫生、管理。

逻辑记忆法：

改善民生先要大家有文化，所以先发展教育；

读完书就要去就业，所以扩大就业，促进创业；

就业后要发工资，涉及分配制度；

还要买保险，也就是社会保障体系；

拿医保去就医，医院有医疗卫生制度；

如果制度不好暴动了，需要社会管理维护团结。

好了，是不是层层递推，按照事件的发展顺序安排了记忆内容呢？简单地回想一下，是不是记住这些关键词了？

第三步，对应还原。

教育——优先发展教育，建设人力资源强国；

就业——实施扩大就业的发展战略，促进以创业带动就业；

分配——深化收入分配制度改革，增加城乡居民收入；

社会保障——加快建立覆盖城乡居民的社会保障体系，保障人民基本生活；

卫生——建立基本医疗卫生制度，提高全民健康水平；

管理——完善社会管理，维护社会安定团结。

如果都记住了，就可以开始第四步的内容。

第四步，复习强化。

我当年学习政治这门科目时，我的政治老师教给了我们非常有帮助的方法——自我提问法。

方法很简单，就是当你看书的时候，在每个小节都针对内容向自己提出几个问题，然后从内容中总结归纳出答案。在一问一答中，你不仅深度学习了这个部分的内容，还完成了关键点的归纳总结和逻辑记忆。更重要的是，通过自问自答，你完成了从学习到考试的应用过程。

第五章第八节压缩饼干法中的提字压缩法、关键词压缩法和归纳压缩法都可以用于政治这门科目的记忆。当然，还有很多其他的记忆方法，未来有机会可以多多探讨。

2. 记住那些过往，历史记忆法

学习历史的时候要带着以史为鉴可以知兴替的觉悟，这样在学习的时候就会自然注意过往发生的一切。记住那些过往能提高历史对现实及未来的应用意义，所以就会具备记忆的动力，进而转化为行动力。

历史科目中，除了相应的历史人物、事件、物件及意义，还有很多零散的知识点需要记忆，可以综合运用各种记忆方法。

例："春秋五霸"按顺序有齐桓公、宋襄公、晋文公、秦穆公、楚庄王。

处理：通过谐音，由齐桓公联想到一齐还钱，由宋襄公可以想到送了一个箱子，由晋文公可以想到金文，由秦穆公可以想到请一个牧民，由楚庄王可以想到一个饭庄叫楚庄。

记忆：春秋五霸一齐还钱，送了一箱子金文，请牧民到楚庄吃饭。

历史年代信息是由文字加数字构成的，我们需要对文字和数字进行一定的形象化处理。

进行数字转化的目的之一是增加数字与数字之间的区分度，避免混淆。

例：唐朝建立于618年。

我们可以先处理一下题目信息，也就是先看看题目中有哪些是可以转化得更加形象的信息，然后把这个信息用形象表达出来。比如，看到唐朝的时候你能想到什么？我看到唐朝的时候想到了我们吃的糖，而糖比唐朝更加形象。然后看看数字信息。我觉得618读起来像"留一把"。现在结合题目想象，已经有"糖"了，又要"留一把"，你会想到什么呢？是不是有"糖"的时候给我"留一把"？这样是不是就记住了唐朝建立于618年了呢？

有没有感觉到，原本没有关系的内容经过我们的简单处理就变得有关系了，而且变得形象生动了？

例：安史之乱发生于755年。

安史读起来像什么？"按时"对吧？那755呢？气鼓鼓。想象一下你要去约会，正好碰到了安史之乱，结果不能按时到，你的女朋友是不是气鼓鼓的？这样就记住了安史之乱发生于755年。

例：王小波、李顺起义开始于993年。

处理：将王小波分解一下，联想成王的情绪有点小波动；将李顺联想成还没有理顺就去起义了；993谐音为舅舅扇。

记忆：王的情绪有点小波动，还没有理顺就去起义了，所以他舅舅扇了他。

例：皖南事变发生于1941年1月。

只要有点常识，就知道皖南事变是20世纪发生的，所以着重需要处理的信息只有年份的后两位41以及月份。合在一起，由411可以联想到"死一个又一个"；"皖南"谐音"万难"。

记忆：皖南事变真是万难啊，人死了一个又一个。

记完之后，还需自己去回想检查一下。

当然，关于历史科目信息，还有很多很好的记忆方法，未来有机会再推陈出新。

3. 热爱大好河山，地理记忆法

学习地理可以了解山河大海、风土人情、物候特产，让人上知天文下知地理。怀着一颗热爱大好河山的心来学习地理，书上即可探奇。当你爱上地理，众多地理知识也会自然走入你的心中。

地理学科中有很多的信息需要记忆。

地图的记忆可以采用轮廓想象法，就是将地图上需记忆的版图轮廓想象成某些具体形象的事物，然后将此事物跟版图的名称联系起来。

山川河流的分布可以按照一定的顺序在地图上依次定位记忆。山川河流的名字可以用抽象转形象的方法来处理，用一些具体事物来辅助记忆。比如，记忆大兴安岭和小兴安岭的位置时，就可以想象地图上对应的地方有一只大猩猩带着一只小猩猩。国名也可以用抽象转形象的方法进行处理和记忆。

4. 明晰事物原理，物理记忆法

物理是探索事物原理的一门学科，教会我们看到万事万物背后的运行规律。同时，物理也是一门与现实生活联系紧密的学科，很多物理现象都可以在生活中找到实例。学会将物理现象跟生活联系起来，则体现了记忆中以熟记新的原则。

例：理解与记忆牛顿三大定律。

牛顿第一定律——惯性定律：任何物体都要保持匀速直线运动或静止状态，直到外力迫使它改变运动状态为止。

联系生活，你可以联想到你家里的桌子、凳子都是静止的，直到你用力去推、拉、抬，它们才动起来。将抽象的"任何物体"具象为"桌子、凳子"，知识点就变得好理解和记忆了。要理解匀速直线运动状态，可以想象一艘在没有阻力的太空中航行的宇宙飞船，它保持着不变的速度，直到受到星球吸引才改变运动状态。

牛顿第二定律：物体加速度的大小跟作用力成正比，跟物体的质量成反比，加速度的方向跟作用力的方向相同。

联系生活，在开车时，要从起步加速到百公里每秒，油门踩得越大，花的时间越少，也就是加速度越大。而其他条件不变的情况下，车子越重，则加速越慢，也就是加速度越小。踩油门时，作用力与车的前进方向相同，车越开越快；踩刹车时，作用力与车的前进方向相反，车越开越慢。

牛顿第三定律：物体之间的作用力总是相互的，作用力和反作用力大小相等，方向相反，且在同一直线上。

想象自己用左右两个拳头水平在胸前用力对撞到一起，你会感觉到两个拳头都痛，说明物体间的作用力是相互的。撞到一起都停了，可以类比于作用力与反作用力大小相等。两只手摆到一条直线上辅助你记忆在同一直线上。

除了经常联系实际，在学习物理的过程中一定要多画图，通过图像来理解物理现象，通过图像来辅助解题，尤其需要学会从具体事物出发绘制以抽象符号为代表的图形。例如，在力学中往往需要作图以研究对象的受力情况，电学中则需要通过画电路图进行电路分析等。

除了画图，物理中的很多概念还可以用形象法和压缩法来综合处理和记忆。

例：所谓摩擦生电，是指用摩擦的方法使两个不同的物体带电的现象。丝绸摩擦过的玻璃棒上带正电荷，毛皮摩擦过的橡胶棒带负电荷。

将知识化简：丝绸—负电，玻璃棒—正电。进一步简化为"丝负"和"璃正"，谐音为"师父""立正"，想象师父立正的图像。同样，毛皮—正电，橡胶棒—负电，可以进一步简化："皮正"和"橡负"，谐音为"皮疹""享福"，联想到得了皮疹还享福。

在物理学科知识的记忆中，理解原理是最重要的，因为很多概念是由原理演化而来的，很多操作也是基于原理而得来的。

例：电流表要串联在电路中，电压表要并联在电路里。

对于科学类知识的学习，最好的方法是知道其根本原理是什么。电流表为什么要串联在电路中呢？因为串联电路中经过每个元器件的电流都是一样大的，所以串联电流表可以知道流过元器件的电流是多少。电压表为什么要并联呢？因为并联电路两端的电压是一样大的，所以通过并联电压表，就可以知道被测元器件两端的电压是多少。

当然，有时候我们可以在理解原理的基础上加上一点巧妙的办法来加速判断流程。比如，我们可以用压缩记忆法，将电流表串联简化成"流串"，想象电流表在流窜；

将电压表并联简化为"压并"，想象压缩饼干。在进行电压、电流测量的时候，你只要在脑海中想象"压缩饼干在流窜"的画面，就知道该怎么连接这两种测量表了。

这种想象的处理方法也可以用在一些公式的记忆上。

例：电功的公式 $W = UIt$。

可用谐音法记作："大不了，又挨踢"。

例：电流强度公式 $I = Q / t$。

可谐音记作："爱神丘比特"。

5. 洞悉现象本质，化学记忆法

学习化学不能仅看现象，更要洞悉现象背后的本质。掌握元素的内在特性，从结构特性去理解和记忆反应规律，最后结合记忆物质与反应呈现的现象，化学自然而然就会学得很好。

当然，化学学习中有大量的知识点需要记忆，特别是元素和各种反应、各种实验。我们在记忆的时候首先要理解化学原理和化学现象机理，明白化学反应的本质。但是，在某些零散化学知识点的记忆中加入一些超强记忆的方法，会让记忆瞬间变得轻松很多。

例：金属活动性顺序。

钾、钙、钠、镁、铝、锌、铁、锡、铅、（氢）、铜、汞、银、铂、金

谐音：嫁给那美女，身体细纤轻，统共一百斤。

记忆的时候，脑海中一定要出现画面，想象一下嫁给了那个美女，她的身体又细又纤又轻，统共也就一百斤而已。

例：石蕊试剂的性质。

石蕊遇酸变红，遇碱变蓝，在中性环境中为紫色。

口诀：石榴酸酸的、红红的，捡到篮子中。

记忆：由石榴回想到石蕊，酸酸的、红红的指的就是遇酸变红，捡到篮子中就是"捡篮"（遇碱变蓝），子中是"紫中"的谐音，意思就是在中性环境中是紫色的。

例：碱性氧化物只有氧化钙、氧化钾、氧化钠、氧化锂、氧化钡五种溶于水，

其余不溶。

提取关键字：钙、钾、钠、锂、钡。

调换一下顺序变成：钾钙钠锂钡，谐音"加盖那里呗"。

记忆：想象把五种氧化物溶于水，然后"加盖那里呗"。

例：实验室制取氧气的七个操作步骤。

第一步：检查装置气密性；

第二步：装药品于试管中并塞好塞子；

第三步：将其固定在铁架台上；

第四步：点燃酒精灯加热；

第五步：排水法收集氧气；

第六步：将导管移出水面；

第七步：熄灭酒精灯。

实验的步骤很多，我们需要在学习实验的时候亲自操作一遍，以产生直观印象。如果没有办法直接操作，就在脑海中想象自己在现场操作。如果想象不出，可以画小简图来表达。理顺进行某个步骤的原因，这样哪怕碰到新的实验也能够自己理顺步骤，实现做题时的灵活应变。例如，为什么要先检查气密性呢？因为要确保收集气体时不漏气。为什么先装药品，塞好塞子后再固定在铁架台上呢？因为如果先固定后装药品不好装。为什么先将导管移出水面再熄灭酒精灯呢？因为如果先熄灭酒精灯会导致试管内气压降低，导管会将水倒吸进试管。

当然，我们在记忆的时候，为了压缩记忆，也可以从每个步骤中提取一个关键字：查、装、定、点、收、移、熄。

谐音处理：茶庄定点收利息。

记忆：我们在实验室制取了氧气卖给茶庄，然后向茶庄定点收利息。

记忆之后还必须将记住的压缩信息还原成原信息。这个步骤千万不能少。

茶——查——检查装置气密性；

庄——装——装药品于试管中并塞好塞子；

定——将其固定在铁架台上；

点——点燃酒精灯加热；

收——排水法收集氧气；

利——移——将导管移出水面；

息——熄——熄灭酒精灯。

例：氧化—还原反应。

氧化—还原反应中氧化剂与还原剂的判断是根据氧化剂中的元素化合价降低，还原剂中的元素化合价升高。

我们可以把"氧化剂中的元素化合价降低"简化成"氧价降"，谐音为"杨家将"；把"还原剂中的元素化合价升高"简化成"原价高"。结合起来，你可以想象这样一个画面：杨家将去买东西的时候发现原价高。

当然，化学学科知识的记忆中还有很多很好的方法，未来有机会可以再跟大家分享。

6. 爱护芸芸众生，生物记忆法

在生物的学习中，我们会研究动植物及微生物的结构、功能、发生和发展规律。如果怀着爱护芸芸众生之心去学习生物，就会发现自己对每一个生物知识点都会很关注，也就能更好地记住概念，描绘结构，了解功能，也会迫切地想知道生物的各种发生、发展规律。

在学习生物的时候，也有很多实用的记忆方法，比如表格法、化简法、谐音法和形象法等。

例：血型与输血。

某人的血型	可接受的血型	可输给的血型
A	A、O	A、AB
B	B、O	B、AB
AB	A、B、AB、O	AB
O	O	A、B、AB、O

表格的形式虽然比文字清晰，但是很容易令人混淆，所以需要进一步用逻辑简化。我们观察一下这表格，其内容可以简化总结成以下三个要点：

① O→O，A，B，AB：O 型血可以给所有血型输血；

② O，A，B，AB → AB：所有血型都可以给 AB 型输血；

③ 自己给自己：同一血型可以输给同一血型。

我们可以发挥一点想象力来记忆这个规律。

O 像上帝光环。O 型血是万能输血者，想象万能的上帝把血输给所有人。AB 是 A Baby。小婴儿可以得到所有人的照顾，所有血型都可以给他输血。上面两条规则没有提及的输血规则，就是相同血型可以输给相同血型。记住这三条简单的规则，我们只需要通过推理就可以推出各种题目的答案了。

在记忆的时候，如果能简化记忆内容，减少需要记忆的量，利用逻辑、推理等功能去补充完善没有记忆的部分，可以减轻我们的记忆负担，同时训练我们的思维能力，让我们能用更少的信息完成更多知识的推演。

形象化也是生物学习的重要方法，尤其是学会了形象定位法，对生物的结构记忆有非常大的帮助。在生物课本中，有关生物结构的知识点一般都会配有图形，此时可以用配图来辅助记忆，只需要在配图上对不同的组成部分标注数字进行定位即可。可以参考本书第五章第六节中的超级定位法。

以上的各个科目记忆方法众多，未来有机会再做更多分享。

第七章

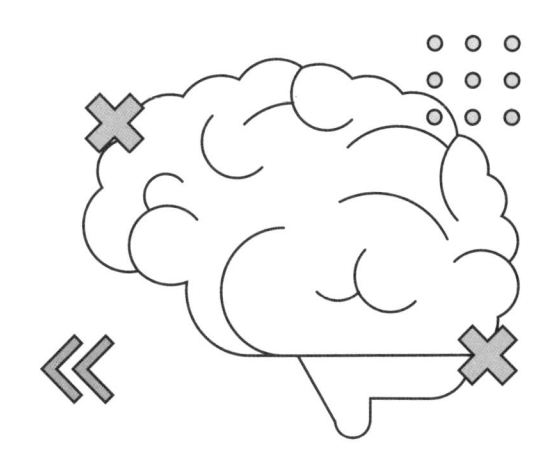

英文领域的
超强记忆法

CHAPTER 7

一、强化你原本会的单词

1. 单词记忆的基本思路

记英语单词要牢记四个信息点：读音、拼写、意思和应用，简称"音形义用"。

首先是音，要把音读准。读准读音有三大方法，分别是自然拼读法、音标法和跟读法。

其次是形，要保证拼写正确。记拼写的传统方法是读写法。当然还有很多很巧妙而有效的拆分与形象的方法。

再次是义，就是要理解单词的意思，特别是有多个意思的时候要理顺这些意思之间的关系。

最后是用，就是要理解单词的应用范围，放到一定的场景中去应用。

2. 读写法也可以升级强化

读写法本是很好的方法，它简单易操作，还可以训练我们的肌肉记忆。但是读写法容易用错，很多人只会让孩子不断读读写写，让孩子读累了、写累了，从而不喜欢学习。所以读写法需要做科学的强化。

怎么强化呢？

第一步，注意观察。我们可以先观察这个单词长什么样子，由几个字母构成，分别是什么字母。

第二步，优化抄写。升级版的读写法就是，抄两三遍以后就开始默写，默写之后再闭上眼睛确认一下这个单词已经可以在脑海中呈现出来了，然后提升默写的速度，再默写两三遍。这样，单词很快就能记熟了。

要点就是，不要一直在那里抄写而不反思，浪费时间还不一定能强化记忆。相反，反复抄写还可能麻痹自己——我已经抄了这么多遍，肯定记得了。结果一不复习，很快就忘记了。

第三步，优化复习。可以用一巴掌复习法加上七个一复习法。

用了升级版的读写法之后，你会发现自己死记硬背的功力都提高不少。

二、英语单词记忆的新方法

1. 换个思路单词更好记

记忆单词的时候可以按照"义—形—音—用"的顺序去记忆，这样可以达到以熟记新的效果。

义，就是深刻理解单词意思。为什么要从义开始呢？因为义是用中文表达的，是一个单词中我们最熟悉的部分。可以根据意思画小简图，为整个单词在大脑中创建记忆空间。

形，就是知道单词是怎么写的。对于形的记忆，可以采用以熟记新的方式，找到单词中熟悉的元素，跟中文意思联系起来。单词中熟悉的元素包括熟悉的词中词或者熟悉的词的一部分，还包括熟悉的拼音或者拼音的一部分、熟悉的字母组合编码、熟悉的字母形象等。

音，就是知道单词是怎么读的。对于音的记忆，除了音标法、自然拼读法和跟读法之外，还可以根据单词的意思加上自己的情感，使单词的音调因为感情而发生变化，从而将单词与大脑最深处的情感联系起来。还可以想象在单词应用场景中把单词读出来，提升自己对单词的听力分辨能力。

用，就是知道单词用在哪里，怎么用。每学一个单词，都可以应用单词造一个最简单的句子。每学完一天的单词，就将它们构建到自己的生活小场景中去用出来。

2. 新方法需要的三种基础能力

敏锐的观察力：能够发现单词的形体特征以使用形象记忆法，能发现单词中自己熟悉的单词以利用单词分解法，能够从读音中发现特点以利用谐音记忆法。

丰富的想象力：从单词意思想象出对应现实的图像，图像引发五官跟心理上的感觉，将几个单词放在一起能想象这几个单词共同组成的场景。

灵活的联想力：英文切分部分与中文意思能串联起来，毫无关联的单词也能通过故事法或超级锁链法串联成一个有意义的故事或者场景。

3. 单词记忆的"切西瓜"策略

记单词的新方法很多，有些方法可能你也在用，有些方法可能对你而言是全新的。"切西瓜"记忆法是我最早提出来的，后来学生们把我的"切西瓜"记忆法传播到了全国各地。记单词就像切西瓜。

"切西瓜"第一步：看瓜定策略。就是看看单词有多长，难度如何，再决定是否要切分。

"切西瓜"第二步：决定切多少。可以全切，也可以切一部分。

"切西瓜"第三步：理解切出来的部分。切西瓜的目的是要把不熟悉的单词变成自己熟悉的模块，所以切出来的部分一定是自己可以理解的模块。

"切西瓜"第四步：对中文与切出来的英文部分进行联结。也就是想方设法将中英文联系在一起，可以用故事法、超级锁链、画图法等各种方法对它们进行联结。

4. "切西瓜"单词记忆法详解

（1）"切西瓜"的具体操作

记单词首先要动用视、听、触、嗅、味五感来感受单词的意义。例如，当你看到"classroom 教室"这个单词时，你要在脑海中感受这个教室，看到教室的模样，听到教室里的声音，摸到教室里的物品，想象自己在教室里体验到的情感。如果做完这个步骤单词已经记下来了，接下来的步骤就可以省略了，直接跳到复习巩固环节。如果需要对单词进行分解记忆，可以采用"切西瓜"思路。

切——切分单词。可以根据字形特点去切分，也可以根据音节去切分。总之，切出熟悉的模块，比如熟悉的词中词、拼音组成、词根词缀，或者有形象特点的部分。

西——消化吸收。对切出来的部分要能理解，能转化成自己熟悉的内容，能通过自己熟悉的内容还原切出来的是什么。同时，既然是自己切出来的，就要能记住自己切的字母组合。

瓜——把切出来的熟悉模块挂到中文上去。意思就是要把所有切出来的内容跟中文意思联结起来。联结的目标是想到中文就能回想出这些切分的内容，从而把单词字母都回想起来，或者通过这些切分出来的不同模块组合联想到中文意思是什么。

下面来看一些案例。

单词	切（切分单词）	西（消化吸收）	瓜（把切出来的熟悉部分挂到中文上去）
scar /skɑː(r)/ n. 伤疤	s+car	蛇 + 小汽车	蛇咬小汽车咬出伤疤
groom /gruːm/ n. 新郎	g+room	哥 + 房间	哥进房间变成新郎
bamboo /ˌbæmˈbuː/ n. 竹子	bam+boo	爸妈 +600	爸妈啃了 600 根竹子
assess /əˈses/ v. 评估	a+ss+e+ss	啊 + 两美女 + 咦 + 两美女	啊，两美女，咦，两美女，所以要评估一下哪个最漂亮
ambulance /ˈæmbjələns/ n. 救护车	am+bu+lan+ce	俺 + 不 + 能 + 死	俺不能死，叫救护车

（2）切分模块的五大思路

切分模块是"切西瓜"的基本功。总结一下"切"的五大思路：

切熟词，也就是从原单词中切分出熟悉的单词或熟悉单词的某部分。如 car 小汽车、room 房间就是熟悉的单词。

切拼音，也就是切出拼音或者拼音的一部分。如 g 是"哥"的声母、bam 是"爸妈"拼音的一部分。

切编码，也就是切出字母组合编码。字母组合编码是人为地将几个字母组合编译成一个固定的意思。大多是几个声母组合在一起的时候用字母组合编码，这时可以用拼音首字母的方式来处理这些字母组合编码。如 ab 是"阿伯"拼音的首字母组合，cr 是"超人"拼音的首字母组合。

切字母形象，也就是最后剩下的字母或者字母组合的形象，如 s 像蛇、ss 像美女，boo 像数字 600。

切读音，这里的读音可以是单词熟悉的读音，或者全部谐音或者部分谐音。如 ambulance 谐音为俺不能死。

（3）部分切分法详解

切西瓜时可以把单词全切完，也可以只切出比较有特征的一两个部分，其他没有切的部分可以用我们原有的记忆能力去解决，如死记硬背、抄写法等。

只切一两个部分的好处是：节约思考的时间，并且实现部分特征强化。英文与中文也通过这个部分特征联系到了一起，有助于中英文间的相互回忆。

比如，对于"capacity 容量，能力"这个单词，有多种切分方法，都可以实现中英文的联结和部分特征强化记忆。

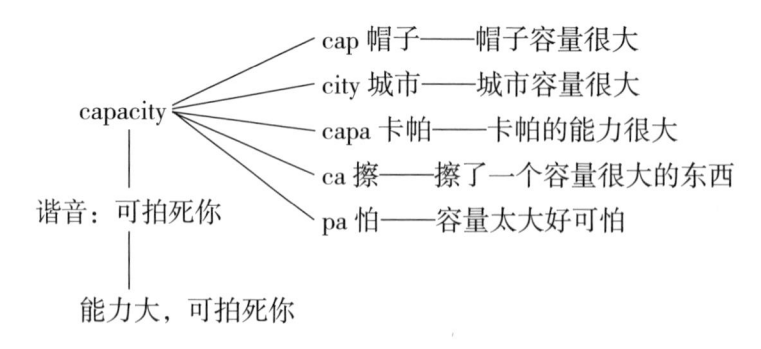

```
                    cap 帽子——帽子容量很大
                    city 城市——城市容量很大
capacity            capa 卡帕——卡帕的能力很大
    |               ca 擦——擦了一个容量很大的东西
谐音：可拍死你        pa 怕——容量太大好可怕
    |
能力大，可拍死你
```

切一部分特征，可以切得非常灵活，通过这一部分特征提示自己把单词回想起来。

有人问，老师，一定要用"切""西""瓜"来标注记忆的过程吗？不一定，"切西瓜"只是为了让你能理解记忆的过程，当你熟练运用这种方法之后，你只需要把过程的要素写清楚就可以了，至于前面用什么字词来表示这个过程是没有特别规定的。比如，可以用"拆分、联想""分解、解说""编码、台词"，甚至"第一步、第二步"等标注方式。超强记忆领域是一个非常个性化的领域，因为所有的记忆过程都是自己在操作的，只要自己能明白，最终能记住该记忆的信息就够了。

5. 熟练运用"切西瓜"单词记忆法

（1）切熟词

单词中有熟悉的单词模块，或者熟悉单词的一部分。看两个例子，剩下的单词请你练习着切分。

单词	切熟词（"切""西"）	记忆（"瓜"）
manage /ˈmænɪdʒ/ v. 管理、经营	man 男人 +age 年纪	男人上了年纪才有管理经验
candidate /ˈkændɪdeɪt/ n. 候选人	can 能够 +did 做 +ate 吃	能够做吃的的人，才有资格做候选人
spark /spɑːk/ n. 火花		
football /ˈfʊtbɔːl/ n. 足球		
hesitate /ˈhezɪteɪt/ v. 犹豫		

（2）切拼音

切出单词中的拼音，或者拼音的一部分。

单词	切拼音（"切""西"）	记忆（"瓜"）
baffle /ˈbæf(ə)l/ vt. 使困惑，难住	ba 爸 +ff 发疯 +le 了	爸爸发疯了，儿子很困惑
guide /ɡaɪd/ n. 导游	gui 贵 +de 的	请导游是很贵的
angel /ˈeɪndʒ(ə)l/ n. 天使		
bandage /ˈbændɪdʒ/ n. 绷带，包带		

（3）切编码

编码就是字母的特定含义或者字母组合编码。

单词	切编码（"切""西"）	记忆（"瓜"）
study /'stʌdi/ v. 学习，研究 n. 书房	stu 师徒 +dy 电影	师徒在书房看电影，研究如何学习
back /bæk/ adv. 向后 n. 后背	ba 爸 +ck 刺客	爸爸的背后有刺客
farm /fɑ:m/ n. 农场，农庄	fa 发 +rm 人们	发现人们都在农场
monk /mʌŋk/ n. 和尚	mo 摸 +nk 脑壳	和尚在摸脑壳
knock /nok/ v. 敲，打，击	kn 哭闹 +o 鸡蛋 +ck 刺客	他哭闹着用鸡蛋敲打刺客

（4）切形象

运用奇特想象将字母或字母组合想象成好玩的图像。

单词	切形象（"切""西"）	记忆（"瓜"）	图像
fire /faɪə(r)/ n. 火，火灾	i 像蜡烛	蜡烛点火	fire
call /kɔ:l/ n. 电话，呼叫	c 像电话听筒	拿起电话听筒打电话	call
poor /pɔ:(r)/ adj. 贫穷的			
sleep /sli:p/ vi. 睡，睡觉			
turn /tɜ:n/ vi. 转向，转变			
sword /sɔ:d/ n. 刀，剑			

（5）切读音

中文中的一些词汇是从英语中"借"过来的，它们的发音与英语单词发音很相近。此时，我们可以借用中文的发音来记英语单词。还有一些英语单

第七章
英文领域的超强记忆法

词本身的发音很有趣，可以谐音成有意义的故事、画面、形象等，我们也可以运用这些谐音来记忆单词。但是，用谐音来记忆的前提是读音准确，而且谐音要与单词的意思关联起来。没有关联的谐音是无效的谐音。

单词	切读音（"切""西"）	记忆（"瓜"）
sofa /'soʊfə/ n. 沙发	外来语，音译词	
hacker /'hækər/ n. 黑客	外来语，音译词	
party /'pɑːtɪ/ n. 聚会	谐音：爬梯	爬梯子参加聚会
blond /blɒnd/ v. 金黄色的	谐音：波浪的	她有一头波浪式的金黄色的头发
book /bʊk/ n. 书	谐音：补课	补课要带书
those /ðəʊz/ adj. 那些的	谐音：豆子	那些豆子
mouse /maʊs/ n. 老鼠	谐音：猫死	猫死了老鼠就出来了
hamburger /'hæmbɜːgə/ n. 汉堡包	谐音：汉堡哥	汉堡哥爱吃汉堡
pattern /'pætn/ n. 模式，方式	谐音：拍疼	拍疼人有很多方式

谐音法在传统的英语学习者眼中是不恰当的。许多人认为使用谐音会影响正确发音，并且会导致对单词意义的理解偏差。其实，这些问题源于对谐音法的使用不当，而非谐音法本身。谐音法的正确使用必定基于发音的正确，而矫正发音需要依靠音标法、自然拼读法或跟读法。在读音正确的基础上，谐音出与单词的意义相关的故事、画面、形象等，使发音与中文意义产生巧妙的联系，便于回忆单词和对应的中文意思，这才是谐音法的真正价值。

6. 单词编码——记忆高手的撒手锏

"切西瓜"能够帮助我们快速地记忆单词。但是，如果每一个单词都要在切分的时候进行谐音、编码、形象化处理等，未免有些麻烦。英文字母只有 26 个，字母的组合因此常常重复。那么我们是否可以将字母或字母的组合先行转换呢？当然可以，这个转换的过程就称为编码。编码之后，字母或字母的组合就成为一个熟悉的模块，可以帮助我们在后期使用切西瓜法时更有效率。我们在第一章中学习了数字编码，而单词编码是异曲同工的。字母组合的编码不是唯一的，你可以直接使用记忆高手总结的编码，从多种编码中选择你觉得最好使用的，也可以在现有编码的基础上结合自己的经验进行修改。

例如，dr 的编码可以是敌人、大人、达人、多肉、豆乳。在不同的单词中，可以使用不同的编码含义，这样做的好处是让联结更自然和顺畅。

单词	使用编码（"切""西"）	记忆（"瓜"）
dress /dres/ n. 连衣裙	dr 大人 +e 网页 +ss 两美女	大人从网上给两美女买连衣裙
drink /drɪŋk/ v. 喝	dr 豆乳 +in 里面 +k 可	豆乳放瓶里面也可以喝

（1）第一类密码：字母编码

字母编码方法很灵活，可以依据下面的几种方式来进行：

第一种，把这个字母作为首字母的单词。如 a 编码为 apple 苹果，b 编码为 bee 蜜蜂、bag 包、boy 男孩。

第二种，由这个字母本身能想象到某种形象。如 c 像月亮，y 像衣叉。

第三种，这个字母代表了某种特定意义。如 a 代表第一名，f 代表不及格，x 代表神秘（X-man）。

编码没有标准答案，只要对于记忆单词有益即可。编码的目标是提升想象力，帮助你在看到单词时就能快速反应，并且能够区分相似的单词。根据我们的实战经验，常用的字母编码如下。当然，如果你想到其他的编码，也可以补充在旁边。

Aa	Bb	Cc	Dd
apple 苹果、帽子、豆芽	boy 男孩、拍子、肚子	cat 猫、月亮、刺猬、弦	dog 狗、勺子、吉他、等
Ee	Ff	Gg	Hh
eye 眼睛、鹅	fly 苍蝇、拐杖、斧头	girl 女孩、9、哥	hair 头发、椅子、抓手

第七章
英文领域的超强记忆法

续表

Ii	Jj	Kk	Ll
I 我、蜡烛、水滴	jeep 吉普、钩子、藤条	key 钥匙、椅子	light 光、棒子、笔
Mm	Nn	Oo	Pp
moon 月亮、麦当劳、山	nail 指甲、拱门、山洞	orange 橘子、呼啦圈、球、鸡蛋、洞、嘴巴	pig 猪、球拍
Qq	Rr	Ss	Tt
queen 女王、qq、气球	rat 老鼠、小草、树苗	sea 大海、蛇、美女、虫子	tea 茶、雨伞、踢、提、题
Uu	Vv	Ww	Xx
UFO 不明飞行物、磁铁、杯子	vase 花瓶、漏斗、高脚杯	wolf 狼、王冠、王	X-man X 战警、剪刀、叉、回旋镖
Yy	Zz	—	—
you 你、衣叉	zoo 动物园、佐罗、2、凳子	—	—

下面，我们利用这些编码来记忆一些单词。未填入的部分，请你自己练习一下。

单词	切分	记忆	提示
cold /kəʊld/ adj. 冷	c 月亮 +old 老人	月亮上的老人很冷	—
open /'əʊpən/ v. 打开	o 嘴巴 +pen 喷	打开嘴巴喷出来	—
cannon /'kænən/ n. 大炮	can 能 +non 炮架和炮管	大炮能拆解成炮架和炮管	—
green /gri:n/ adj. 绿色			你观察到能代表绿色的东西的字母了吗？
fly /flaɪ/ v. 飞			有没有看到会飞的字母？
run /rʌn/ v. 跑			有没有看到会跑的字母？
cup /kʌp/ n. 杯子			有没有看到杯子样的字母？

（2）字母组合编码：拼音编码

拼音编码，就是字母组合成拼音，或者近似拼音。

a 系列	e 系列	i 系列	o 系列	u 系列
ba 爸、八 ca 擦、茶 da 大 fa 发 ha 哈 la 拉 ma 妈 na 拿 pa 爬 ra 拉 sa 洒	ce 厕 de 得、德 ge 哥 he 河 ke 壳、可 le 了 me 么 ne 呢 re 热 se 色 te 特务	bi 笔、比 ci 刺 di 弟 fi（five）5 hi 嗨 li 梨 mi 米、蜜 ni 你 pi 屁、皮 ri 日 si 四、丝	bo 伯 co（近似拼音 cong）葱、聪 do 做 fo 佛 ho（近似拼音 hou）猴 lo（近似拼音 lou）楼 mo 魔、摸 po 婆	bu 布 cu 醋 du 毒 fu 福 gu 古 hu 湖 ju 橘 lu 路 mu 母 nu 奴 pu 瀑
ta 他 wa 青蛙 sha 杀 pai 派 san 三 lan 篮 han 汗 pan 盼	ye 爷 che 车 den（近似拼音 deng）等 sen 森 ten（近似拼音 teng）疼	ti 体、提、题 vi 六 chi 吃 tie 铁 min 民	ro（近似拼音 rou）肉 wo 我 ou 藕、呕 mou 谋	qu 去 ru 如 su 速 tu 土、兔、徒

（3）专业拼音首字母编码

我们还有专业的首字母编码，可以帮助大家看到单词就能做任意拆分，比如 ck（"刺客"的拼音首字母组合）、pr（"仆人"的拼音首字母组合）。在对小学到大学的所有单词进行"切西瓜"之后，我把实战应用中常见的字母编码组合以字母系的方式进行了归类。

a 系：ab 阿伯、ac 阿超、ad 阿弟、af 阿飞、ag 阿哥、ak AK47、al 阿狸、am 阿妹、ap 阿婆、ay 阿姨。

r 系：ar 矮人、br 白人、cr 超人、dr 敌人、fr 飞人、gr 工人、tr 铁人、str 石头人。

h 系：ch 吃、th（童话 the）、wh 武汉。

k 系：ck 刺客、lk 立刻、sk 上课、nk 脑壳。

t 系：ct 餐厅、rt 热天、st 石头、ght 桂花糖、tt 天天。

y 系：dy 大爷（电影）、ly 老爷、ny 能源、ry 人鱼、ty 太阳、py 朋友。

以上是我在日常处理单词的时候总结归纳的常用编码，大家可以在自己记单词的过程中总结和补充。

三、专业的词根词缀法

词根词缀是初中以上学员快速扩充词汇量时需要掌握的方法，利用这种方法可以高效构建单词体系，实现从一个单词出发记住多个有共同组成部分单词的目的。

词根的英文是 root，代表的是一组单词的根源所在。词缀依附在词根上，是为词根拓展更多含义的组成部分，一般分为前缀 prefix 和后缀 suffix。

通过熟悉前缀、后缀和词根，我们能够快速扩充单词量。比如常见前缀有 re- 重复、pre- 预先、con- 共同、dis- 否定、un- 否定、pro- 专业等，常见后缀有 –ful……的，–er、–or 表示人或物，–tion 名词结尾、–ary 名词结尾、–ness 名词结尾等。同一个词根，通过变换不同的前后缀，可以构造出一系列单词。来看一个例子。

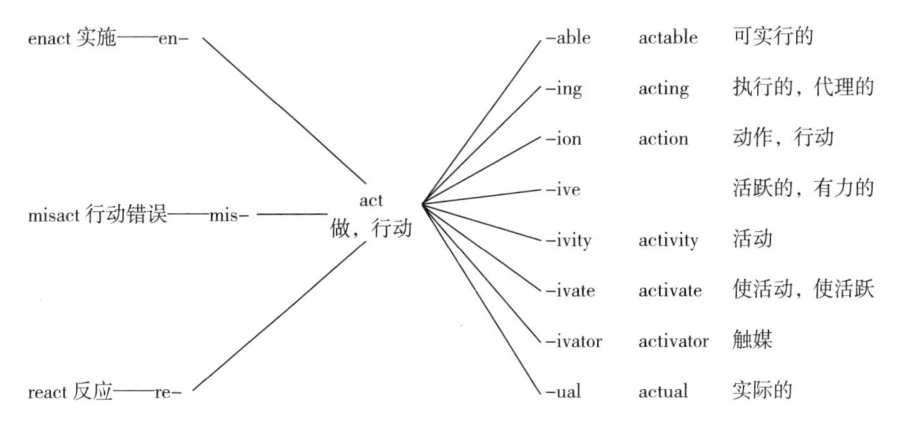

```
enact 实施——en-                  –able    actable    可实行的
                                 –ing     acting     执行的，代理的
                                 –ion     action     动作，行动
                                 –ive                活跃的，有力的
misact 行动错误——mis-    act     –ivity   activity   活动
                       做，行动
                                 –ivate   activate   使活动，使活跃
                                 –ivator  activator  触媒
react 反应——re-                  –ual     actual     实际的
```

词根词缀众多，可以参考以下的案例整理记忆。

前缀	分析	记忆
ad- 表示方向、变化、添加、附近	ad 是"阿呆"的拼音首字母	阿呆在家附近也分辨不清方向、天气变化了也不知道添加衣服
ante- 表示前、在前	ant 是蚂蚁的意思，e 像鹅	蚂蚁的前面有一只鹅
anti- 表示反对、非、抗	ant 蚂蚁，i 像火把	一群蚂蚁拿着火把反对搬家，对抗非正义的蚁王
bi- 表示二、两、双	bi 笔	用笔当筷子吃饭的话得用两支

四、万物互联想象法极速扩展词库

在词根词缀法部分，我们已经领略了从单个词出发，联想记忆大量单词的效率之高。实际上，我们不仅可以通过相同词根来扩充词汇量，还可以通过发散思维，从意义、分类等各种角度，从一个单词出发，联想记忆无穷无尽的单词。

让我们以一个简单的案例来学习这种万物互联想象法。美好的一天开始了（good 好），当你遇到熟人时，你会说："Good morning!（早上好！）"但可能这个时候已经是下午或晚上了，那我们应该这样说：

Good afternoon! 下午好！

Good evening! 晚上好！

你还可以向别人道晚安："Good night!"

所以，我们通过 good，联想到了时间段：morning 早上，afternoon 下午，evening 晚上，night 夜晚。扩充一下时间段，清晨可以用 early morning。early 表示早，比 morning 还要早的，就是太阳正准备升起来的时候。这个时候还可以用一个单词：dawn 破晓、黎明。

破晓是太阳准备升起，那太阳正要落下就是日暮、黄昏，可以用 dusk 来表示。中午时分是 noon，太阳挂在天中间，好对称。深夜就是 late at night，

第七章
英文领域的超强记忆法

比 night 还要 late，所以就是半夜了。

所以，我们又记住了几个关于时间的单词与词组：early morning 清晨，dawn 破晓、黎明，dusk 黄昏，noon 中午，late at night 半夜。

我们还可以从字形的角度，尝试联想。

good，少一个 o，就变成 god 上帝。

good，d 变成 se，就是 goose 鹅。

good，g 变成 m，就是 mood 情绪。

所以，我们通过 good，记住了 god、goose 和 mood。

good 里面有个单词 go。含有 go 的单词还有：

goat 山羊，go+at，想象走（go）在（at）那个地方就看见了山羊。

goal 目标，go+al，想象走去（go）实现我们所有的（all→al）目标（goal）。

gold 黄金，go+old，想象走去（go）给老人（old）送黄金。

golden 黄金的，名词加 -en 表示……的，比如 wool 羊毛加 -en 变成 woolen 羊毛的。

govern 统治，go+vern，vern 读音像"稳"，走去（go）稳定（vern）社会的行为叫统治。

government 政府，govern+ment，负责统治管理的就叫政府。

所以，我们又记了几个单词：goat 山羊，goal 目标，gold 黄金，golden 黄金的，govern 统治，government 政府。

这样就得到了以下的思维导图。

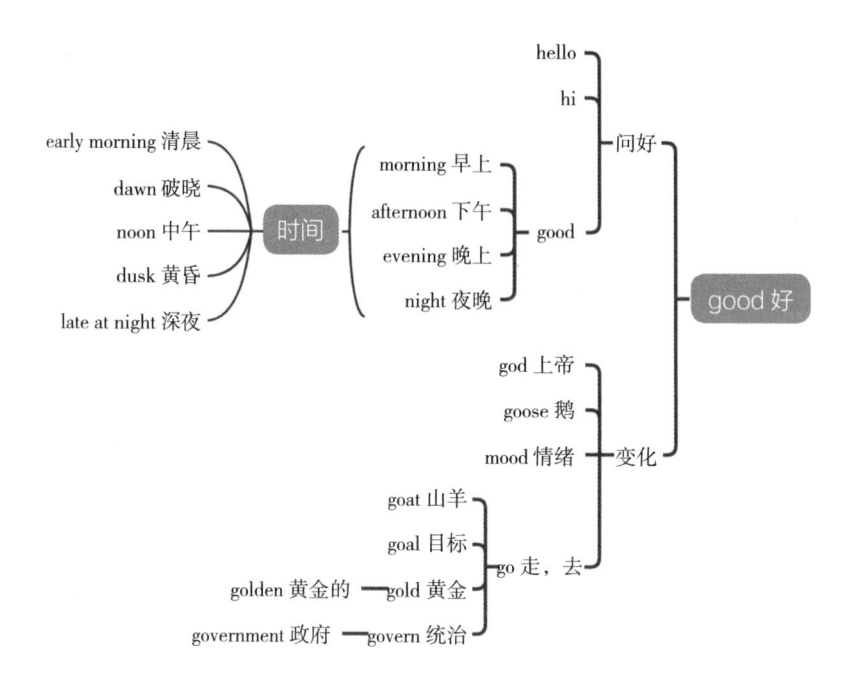

```
                                              hello
                                              hi
                                              ┘── 问好
   early morning 清晨
   dawn 破晓                    morning 早上
   noon 中午 ── 时间             afternoon 下午 ── good
   dusk 黄昏                    evening 晚上
   late at night 深夜           night 夜晚
                                                        good 好

                               god 上帝
                               goose 鹅
                               mood 情绪 ── 变化

                               goat 山羊
                               goal 目标
   golden 黄金的 ── gold 黄金   ── go 走，去
   government 政府 ── govern 统治
```

由 good 好，我们还能想到 better 更好、best 最好，甚至还可以想到 nice 美好的、excellent 优秀的、great 伟大的、fantastic 极好的、well 良好的、bad 坏的、worse 更坏、worst 最坏的……

这是做网状式的发散联想，我们还可以做层层递进式的联想。比如，从 good 想到 better 之后，可以进一步联想到 better 中存在的一个单词 bet 打赌，再进一步想到包含 bet 的 between 在……（两者）之间。由 between 又可以想到 among 在……（三者或三者以上）之中。

所以，通过 better，我们又记住了 bet、between 和 among。

再比如，我们从 good 想到 best 之后，也可以想到和它相像的许多单词：rest 休息、test 测试、vest 马甲、west 西方、chest 箱子、guest 客人、suggest 建议。分别从这几个词扩展下去，又可以得到大量的单词。

（1）rest 休息

从 rest 休息可以变化出 restroom 卫生间，restaurant 饭店，restless 焦躁不安的，forest 森林，interest 兴趣。由 interest 可以扩展出 interesting 和 interested。

第七章
英文领域的超强记忆法

restroom 可以引发意义上的思考，联想到对"卫生间"的不同表达，如 lavatory、WC（water closet）、the ladies'/men's room、the John 等。由于 restroom 中的 room 表示房间，所以还可以引发我们对于用作不同用途的空间的联想，比如 bathroom 浴室、washroom 洗手间、bedroom 卧室、classroom 教室、boxroom 储藏室、dining-room 餐厅、sickroom 病房。

（2）test 测试

从 test 测试可以变化出 protest 抗议、反对，还可以想到 text 课文，textbook 就是指课本。于是，聪明的学员会马上联想到 book 书本这个单词也可以扩展出许多单词：bookstore 书店、notebook 笔记本。继续，从 note 笔记和 store 商店还可以分别扩展出 notice 注意以及 story 故事、storm 风暴。

（3）vest 马甲

从 vest 马甲可以联想到 harvest 丰收。

（4）west 西方

west 西方，是一个方位词，从方位这个角度，我们可以联想到东南西北四个大方位，以及东北、东南、西北、西南四个方位。它们的英文表述是：

east 东方	south 南方	west 西方	north 北方
eastern 东方的	southern 南方的	western 西方的	northern 北方的
northeast 东北方	southeast 东南方	northwest 西北方	southwest 西南方
northeastern 东北方的	southeastern 东南方的	northwestern 西北方的	southwestern 西南方的

可以看到，我分别在这些方位名词后加上 -ern 的后缀，就扩展出了对应的形容词。

此外，我们还可以从 east 想到一个节日：Easter 复活节。

（5）suggest 建议

从 suggest 可以联想到 suggestion 建议。这个单词添加了 -ion 的后缀，我们可以很直观地知道它是一个名词。

利用万物互联想象法，我们从 good 一个单词就能无限联想开去，从而极其快速地积累大量的英语单词。上述的联想可以整理为一张思维导图。

超强记忆
大脑训练秘籍让你轻松当学霸

好

best 最好

- rest 休息
  - restaurant 饭店
  - restless 焦躁不安的
  - forest 森林
  - interest 兴趣
    - interesting 有趣的
    - interested 感兴趣的
- test 测试
  - text 课文 — textbook 课本 — book 书
    - bookstore 书店 — store 商店 — story 故事
    - notebook 笔记本 — note 笔记 — notice 注意
  - protest 反对
  - harvest 丰收
- vest 马甲
- west 西方
  - east 东方 — eastern 东方的
  - west 西方 — western 西方的
  - south 南方 — southern 南方的
  - north 北方 — northern 北方的
  - northeast 东北 — northeastern 东北方的
  - northwest 西北 — northwestern 西北方的
  - southeast 东南 — southeastern 东南方的
  - southwest 西南 — southwestern 西南方的
- chest 箱子、胸部
- guest 顾客
- suggest 建议 — suggestion 建议

表做某事的房间 room
- bedroom 卧室
- classroom 教室
- washroom 洗手间
- boxroom 储藏室
- dining-room 餐厅
- sickroom 病房

- bathroom 洗手间
- the ladies'/men's room
- lavatory 厕所 — WC 厕所 — water closet
- 俚语 随意叫法 — the John

good 好
- 问好
  - hello
  - hi
  - good
    - morning 早上
    - afternoon 下午
    - evening 晚上
    - night 夜晚
- 变化
  - god 上帝
  - goose 鹅
  - mood 情绪
  - goat 山羊
  - goal 目标
  - golden 黄金的
  - government 政府
  - go 走、去

时间
- early morning 清晨
- dawn 破晓
- noon 中午
- dusk 黄昏
- late at night 深夜

better 更好
- among 在三个中间 — between 在两个中间 — bet 打赌

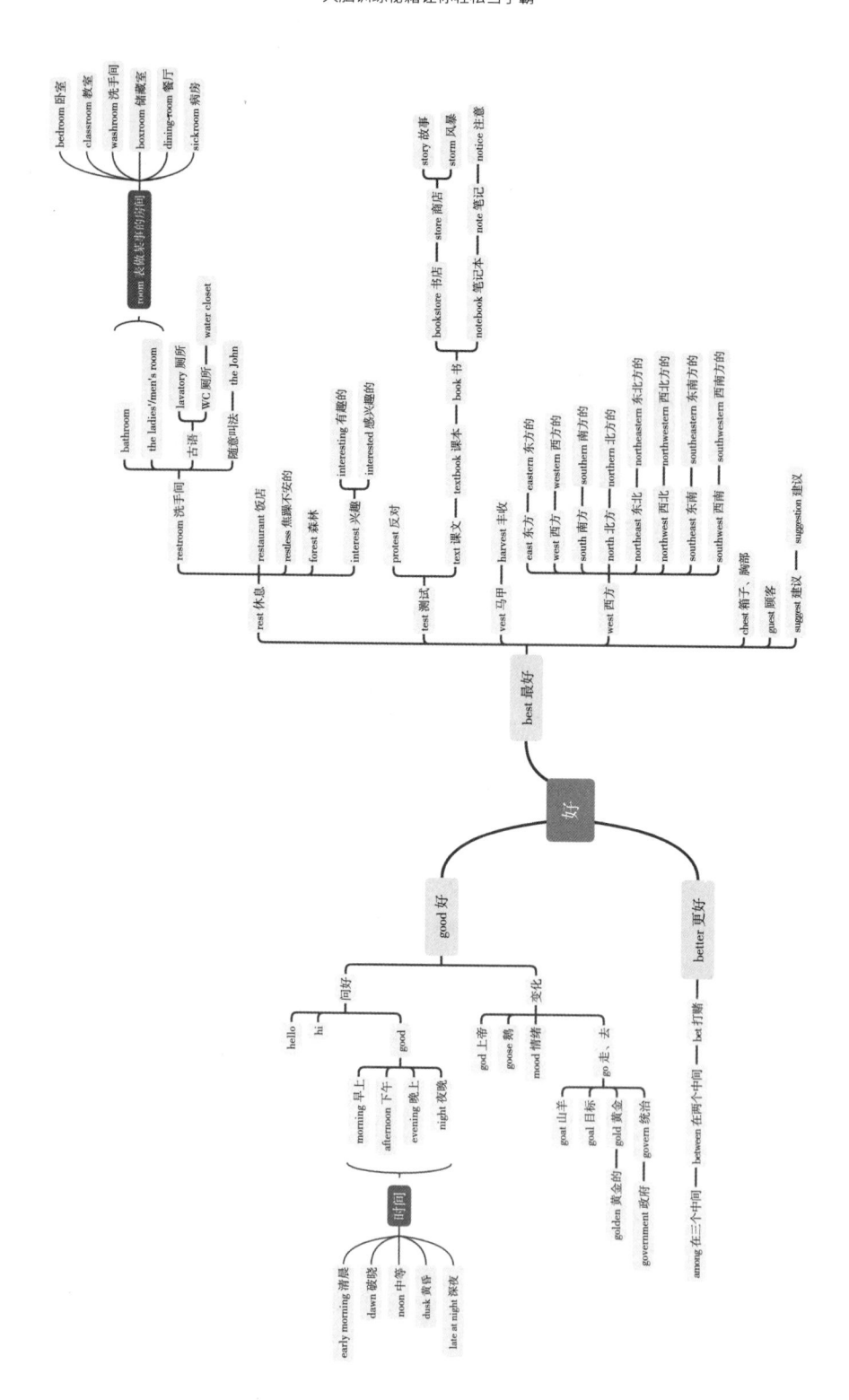

在我们的专业记忆课程中，我们会提供几十个万物互联想象的词库，帮助学员在短时间内积累大量有关联的单词。

五、单词考试辨析技巧

单词辨析经常出现在选择题中。在这里，我们将用一些实例跟大家说明一下右脑的图像想象搭配左脑的逻辑与分析可以得到的强大效果——英文词汇辨析法：通读理解、找出特点、例句强化、注重复习。

> defeat、beat、win
>   defeat 和 beat 都有击败的意思，它们后边都跟人，而 win 后边只能跟比赛、运动等。
> 例句：We will beat him.
>   　　 We will defeat him.
>   　　 We will win the game.

大家可以看看我的思路。defeat 和 beat 两个单词中都有 eat，eat 是吃，人吃东西，所以后面跟人。win 里面有个 in，在……里面，所以是在一个活动或者场景里，所以 win 的后面就只能跟比赛或运动了。

> reject、refuse
>   reject 和 refuse 都是拒绝。refuse 可以跟 to do sth，但是 reject 后边不能跟不定式结构。
> 例句：He rejected my request.
>   　　 He can't refuse him anything.
>   　　 He refused to go there with me.

refuse 中的 fuse 读起来像"夫子"。孔夫子可以去做事情，所以后面可以加 to do sth。而 reject 中的 ject 读起来像夹克。夹克怎么可能去做些什么事情呢？所以不能跟 to do sth。

> bring、take、carry、fetch
>   bring 拿来，take 带走，carry 随身携带，fetch 取回。

bring 里面有个 in 的音，所以是进到自己这里，也就是拿来。

take 有"推"的音，所以是往外，也就是带走。

carry 中有 car 车，y 像钥匙，联想到车钥匙要随身携带。

fetch 里面有"飞"的音，又有"catch 捉住"的后半部分 tch，也就是先飞出去再捉回来，所以就包含了去了又回这一往返动作。

---

discover、invent、find out
　　discover 发现本来存在但不为人所知的东西，invent 发明本来不存在的物体，find out 发现，查明。

---

discover，原来是被盖着的，把盖子揭开后就发现了。这东西本来就存在在盖子下，只是被遮盖着不为人知。

invent，in 表示在里面，v 像钻头，发明创造要有钻研的精神。

find out，找出来，也就是需要去检查、查明。

六、单词综合巩固技巧

1. 一巴掌复习法

每次挑战记忆 5 个单词。记完马上就进行三轮复习：正向复习、逆向复习、跳着复习。接着记下面 5 个，然后进行三轮复习。当这样重复 5 轮后，对 5 轮共 25 个单词再进行三轮复习。

2. 盖词默写法

用本子或卡片盖住英文，只看中文，看着中文默写英文。或者盖住中文，看到单词就快速反应出中文。速度越快越好。

3. 多环境复习法

一个环境下记忆的内容到另一个环境可能容易忘记。所以，在不同环境下复习，有利于摆脱环境影响。具体操作就是在学校的不同地方复习同一个知识点，在家里的不同地方复习同一个知识点。

4."七个一"捡钱复习法

一学完就复习，一天之内要复习，一周之内要复习，一月之内要复习，一测验之前要复习，一测验之后要复习，一要忘的时候要复习。

七、大规模单词速刷技巧

重要的升学考试前需记大量单词，时间紧、任务重，可以采用高效刷单词的方法。

把要刷的单词单独抄出来，可以是几十个，也可以是几百个。中文写左边一竖条，英文写右边一竖条，两条的中间一定要留着空隙，方便盖词默写。

会的单词在单词前空白处打钩，让你无形中产生一种成就感，然后复习考核通过，确保会的不写错。

简单的单词前画个句号。这些单词看几眼就能记住，就不用特别想着用切西瓜的方法。把简单单词记住并通过测试后就在单词前打钩。

剩下难的单词着重处理，可以综合运用各种方法记下来。记错的单词用另外一个错词本记录下来作为重点强化对象。如此刷单词直至所有单词都记住。

第八章

数字的超强
记忆法

CHAPTER 8

一、这样记数字才有效

数字记忆方法很多,比如切分法就是把一长串数字切分成几个小模块,每个模块都是三四个数字,这样可以降低数字记忆的难度。例如:830725749033,我们把它切分成 8307 2574 9033,就比一长串好记。比如找规律的方法,从606024073012中找出"60秒一分钟,60分钟一小时,一天24小时,一周07天,一个月30天左右,一年12个月"的规律就能轻松记忆。找规律固然好,但并非每组数字中都能找到规律。这就需要有更多记忆方法。

在世界记忆大师体系中,数字有很多记忆方法。谐音法是用得比较多的方法,就是把数字的音转化成我们熟悉的文字,赋予数字特定的意义。例如0用普通话读起来像灵(灵魂)、铃、林、鳞;用方言读起来像洞。"灵(灵魂)、铃、林、鳞"要比"0"容易理解,看到这几个字比较容易在脑海中想出形象,这些形象相对于"0"这个数字来说更有区分度。记忆的时候,区分度越大,信息越容易相互区别开来,也更容易记住、保存和回忆。

下面我就对 1~9 做一个谐音表,大家可以参照。

1——医、衣、椅、蚁、妖;
2——鹅、饿、恶、蛾、鳄、儿、耳、饵、俩;
3——伞、山、扇、衫、闪、鳝、杉;
4——死、寺、丝、食、师、诗、屎;
5——舞、武、物、屋、雾、巫、梧、污;
6——流、柳、瘤;
7——器、妻、旗、漆、企;
8——坝、爸、霸、靶、疤、芭、耙、笆;
9——酒、舅、鸠、鹫、厩、臼、韭、枢。

当然，也可以利用方言来谐音，因为谐音从本质上来说就是将信息转换成自己熟悉的语言。当然，你也可以用你知道的任何一种有意义的发音的谐音，如语气词、动物叫声等。

数字可以两个一起谐音转换，比如：

78——青蛙、奇葩、亲爸、骑吧；

56——蜗牛、卧牛、物流、涡流。

也可以三个一起转换，比如：

755——气鼓鼓、起雾雾、鸡咕咕。

其实四个及四个以上也可以转换，比如：

29693——喝酒了就行。

数字越长，需要的谐音水平越高。我们要把握一个原则：将不熟悉的转化成与自己熟悉的读音比较相近的事物。

谐音还可以用在多个数字的记忆中，例如在记圆周率时，"3.1415926535"就可以谐音成"山巅一寺一壶酒，喝了我三壶"。

还可以用数字本身的形象来辅助记忆。例如，0像呼啦圈，1像蜡烛，2像鹅，3像耳朵，10像棒球，11像筷子，69像八卦等。

还可以找到数字代表的意义来辅助记忆。例如，51劳动节，61儿童节，119火警，12306铁路等。

为了记忆速度更快，世界记忆大师们都拥有一套数字密码，包含着0~99的所有数字组合所转化的图像。下面介绍一下世界记忆大师数字密码法。

二、世界记忆大师数字密码法

在记忆比赛中，碰到大量数字需要记忆的时候，记忆高手们最喜欢用的方法就是数字密码法，也叫数字编码法。

数字密码是将数字以一定方式转化成特定的图像。

(1) 数字密码的作用

数字密码就像健身器材，能帮助我们强化大脑"肌肉"，具体表现在以下几个方面：激发图像感，训练记忆转换能力，训练大脑反应速度，让我们具备一次记忆110~220个信息单位的能力，解决学科学习中碰到的数字记忆问题。

(2) 数字密码表编码规则

谐音法：根据读音相像来设计编码，如12谐音为婴儿。

形象法：根据数字的形象特点设计编码，如7像斧头。

意义法：根据数字代表的意义来设计代码，如61儿童节，一天24小时。

注意读数字的方式：将数字拆分开来读，比如24，读二四，而不读成二十四。

(3) 数字密码的熟悉方法

5个一组熟悉，每10个密码循环复习一次。

要注意检验，熟悉的密码就可以打钩通过，不熟悉的再强化。

大家一定要努力记下这些密码，因为超强记忆体系中的很多方法都要涉及它们。你如果想在超强记忆领域更进一步发展，或想成为万众瞩目的记忆高手，就离不开这些数字密码的帮助。

三、数字密码表[1]

0—呼啦圈	1—笔	2—鹅	3—耳朵	4—帆船

---

[1] 需要彩色版本的可以联系作者。

第八章
数字的超强记忆法

续表

5—钩子	6—哨子	7—斧头	8—葫芦	9—九尾狐
01—灵异	02—铃儿	03—灵山	04—零食	05—灵物
06—羚牛	07—令旗	08—淋巴	09—灵柩	10—棒球
11—筷子	12—婴儿	13—医生	14—钥匙	15—鹦鹉
16—杨柳	17—仪器	18—篱笆	19—衣钩	20—鹅蛋
21—鳄鱼	22—双胞胎	23—和尚	24—闹钟	25—二胡

续表

26—河流	27—耳机	28—恶霸	29—恶狗	30—三轮
31—鲨鱼	32—扇儿	33—闪闪	34—三丝	35—珊瑚
36—三鹿	37—山鸡	38—妇女	39—三角	40—司令
41—司仪	42—柿儿	43—石山	44—丝丝	45—师父
46—石榴	47—司机	48—石板	49—石臼	50—武林
51—工人	52—窝儿	53—乌纱帽	54—巫师	55—火车

第八章
数字的超强记忆法

续表

56—蜗牛	57—武器	58—尾巴	59—蜈蚣	60—榴梿
61—儿童	62—炉儿	63—流沙	64—螺丝	65—锣鼓
66—溜溜球	67—油漆	68—喇叭	69—八卦	70—麒麟
71—鸡翼	72—企鹅	73—花旗参	74—骑士	75—起舞
76—气流	77—机器人	78—青蛙	79—气球	80—巴黎

续表

81—白蚁	82—靶儿	83—芭蕉扇	84—巴士	85—白虎
86—白鹭	87—白棋	88—粑粑	89—八爪鱼	90—酒瓶
91—球衣	92—球儿	93—旧伞	94—酒师	95—酒壶
96—九牛	97—酒器	98—球拍	99—剪刀	00—眼镜

四、数字记忆的超强方法

1. 超级锁链串记数字

该方法就是利用超级锁链，将数字密码一个串一个地往后记，能串联多少个数字密码，就能记住多少。

圆周率小数点后 40 位：1415926535897932384626433832795028841971。

我们只需要串联 20 个数字密码就可以记住了。

14 钥匙、15 鹦鹉、92 球儿、65 锣鼓、35 珊瑚、89 八爪鱼、79 气球、32 扇儿、38 妇女、46 石榴、26 河流、43 石山、38 妇女、32 扇儿、79 气球、50 武林、28 恶霸、84 巴士、19 衣架、71 鸡翼。

如果自己不会，可以参考本书第一章体验 1 部分的相关内容。

2. 身体定位巧记数字

从头到脚按顺序定位记忆圆周率小数点后 41~60 位。

头顶——69 八卦：想象头顶上插着一把八卦剑。

耳朵——39 三角：想象耳朵是三角形的。

眼睛——93 旧伞：想象眼睛被旧伞戳了。

鼻子——75 起舞：想象鼻子里面有两人在起舞。

嘴巴——10 棒球：想象嘴巴被棒球打了。

脖子——58 尾巴：想象脖子上缠着一条尾巴。

肚子——20 香烟：想象肚子上面插满了香烟。

大腿——97 酒器：想象大腿上绑着很多酒器。

膝盖——49 石臼：想象膝盖在捣石臼。

脚板——44 嘶嘶（蛇）：想象脚板踩着嘶嘶叫的蛇。

3. 记忆宫殿狂记数字

从历届记忆大赛中，我们可以得出一个结论，那就是数字记忆高手都是利用记忆宫殿来记大量数字的。在比赛中，有些选手可以 5 分钟记四五百个随机数字，就是因为他们有很多套记忆宫殿，而且每一套记忆宫殿都用得非常熟练。

一般每套记忆宫殿找 30 个地点，因为我们在比赛的时候一行是 40 位数字，对应 20 个数字编码，每个地点可以记 2 个数字编码（也就是 4 位数），一行数字需要的记忆宫殿地点数量就是 10 个。一套 30 个地点就可以记 120 位数字。

举例，我们找一组记忆宫殿中的 10 个地点来记忆圆周率小数点后 61~100 位。

第一个地点：凳脚——59 蜈蚣、23 和尚。想象凳脚上的蜈蚣都爬到了和尚身上。

第二个地点：沙发凳——07 令旗、81 白蚁。想象沙发凳上插着一支令旗，上面爬满了白蚁。

第三个地点：三脚架——64 螺丝、06 羚牛。想象用螺丝把羚牛固定到了三脚架上。

第四个地点：灯罩——28 恶霸、62 炉儿。想象灯罩被恶霸扔进了炉儿。

第五个地点：壁画——08 淋巴、99 剪刀。想象淋巴拿着剪刀在剪壁画。

第六个地点：靠垫——86 白鹭、28 恶霸。想象白鹭把恶霸压到靠垫上。

第七个地点：小桌——03 灵山、48 石板。想象小桌上摆满了灵山来的石板。

第八个地点：毯子——25 二胡、34 三丝。想象毯子上的二胡绑了三丝。

第九个地点：铁凳——21 鳄鱼、17 仪器。想象铁凳上趴着一条鳄鱼在摆弄仪器。

第十个地点：挂灯——06 羚牛、79 气球。想象羚牛绑着气球飞到挂灯上。

只要我们能熟练记住所使用的记忆宫殿的每个地点，然后将数字密码的图像按顺序与这些地点联结起来，我们不光能很顺利地把数字记下来，还可以倒背如流。

未来，大家有机会参加各种记忆比赛时，还会训练寻找几十组记忆宫殿

第八章
数字的超强记忆法

的方法，以及利用多组记忆宫殿实现 5 分钟记几百个数字，一小时记忆上千个数字或十几副扑克牌的方法。

刚才我们用超级锁链法、身体定位法和记忆宫殿法演示了数字记忆的过程。通过这三种方法，我们将圆周率小数点后 100 位都记下来了。不信你试着用刚才的方法回想一下吧。

3.14 15 92 65 35 89 79 32 38 46 26 43 38 32 79 50 28 84 19 71 69 39 93 75 10 58 20 97 49 44 59 23 07 81 64 06 28 62 08 99 86 28 03 48 25 34 21 17 06 79

我们可以将这 100 位回忆熟练，争取在 20 秒内背诵出来，你背诵的速度越快，你的成就感也会越高。

如果你想记得更多，可以挑战记圆周率小数点后 1000 位。如果想记得更快，在众人面前展示超强记忆，可以挑战现场记忆 100 个数字。平时你就可以尝试用超级锁链法、定位法和记忆宫殿来帮助你不断挑战极限。

好了，我分享的内容在此告一段落。

当然，在超强记忆的实践中，还有更多方法和实践内容没能在本书中呈现出来，希望以后有机会持续出版相关书籍，将更多方法呈现给大家。

书本的学习总带着很多局限，无法生动地展现记忆的精彩世界。若有机会，欢迎一同参与我们线上线下的研讨，到现场直观感受超强记忆的魅力，收获飞速成长的喜悦。

学无止境，研究也没有终点。人类大脑的无穷奥秘还等待我们去探索，超强记忆的极限也等待着我们去突破。

敢于突破自己，才能书写更美好的人生。

通过阅读本书，你已经迈出了非常重要的一步，接下来，继续加油，愿你在记忆成长的道路上能与我结伴同行，续写记忆传奇！

编外篇：
说说我的故事

人因梦想而伟大！

能持续追逐梦想才能最终成就这种伟大！

回顾成长经历，过去我一直是逐梦人，至今我仍在通向梦想彼岸的瀚海征途中乘风破浪、奋勇前行。

母亲一生操劳，务农、做零活，便多了时间在家培养孩子。两三岁教会我认字、背唐诗；小学初培养我读书、写字、背课文、做作业的好习惯，为我打好早期的基础，这也是我终身乐于学习的关键。

家境不宽，母亲说读书才能改变命运，父亲则说兜底几亩薄田，实在读不好书，就回家种田。从小干过各种繁重农活，我深知这不是我想要的未来，便知好好读书。

恋上读书，自然要把书读好。三年级，班主任莫翠英老师说一目十行、过目不忘才是学习的极致。我心里便默默种下了一颗种子。放学，小雨，我撑伞独自走在羊肠小道上，刹那间一股强大的电流贯穿全身："如果能找到一种一目十行、过目不忘的方法，那该多好啊！"那一刻起，我知道此生有了一件注定要去完成的事情。

20世纪90年代中，在小乡镇上，听到这样的能力，大家都只是一脸茫然或嗤笑为妄想，唯有老师在描绘及我在坚信。

父亲之前也探索过不少教育的方法，胎教、早教。但即便我有早慧的优势，也无天才般的记忆力。乡镇本小，并无太多突出学生，连续好几个学期拿了第一之后，父亲托市里朋友寄来市区考卷。我挫败了，于是决定考出去，到更广阔的世界才可能触及我的期盼。

乡里只有一所初中，早早便有我天赋异禀的传闻。但学长们出题测试后便剥去了我身上的光环，原来我也只是平凡中的一员。初中学习好完全得益于好伙伴们一起创造的氛围。早上5点，起床晨跑；早餐前后，疯狂背书；课上课下，你追我赶；睡觉睡醒，念念不忘。那时的我们，没寻得方法，只知重复，拼努力，靠毅力。

作为一个乡镇初中——堡里初中的学生，我们当年唯一能上的市区高中就是桂林市第十八中学，而且必须是全县前十几名。

进入高中重点班的学生中，全市排名前十的学生就有三个，其余学生也都是各个县城的前几名，相较之下我的排名靠后。父亲对我的期待不高，能上十八中已属幸运，若能在未来保持班级中等就已心满意足。但我不服，非要向上突破。可比你厉害的学生比你还努力，你也不可能有更多时间。

压力，让人喘不过气，但我悟出了一条公式：学习效果＝学习效率×学习时间。时间一定，那就只能提升学习效率。这就意味着要学得快、理解快、记得快。于是我用身上仅有的生活费和升学时的几百元奖金，投资到了快速阅读与记忆的方法学习上。

一周，两周，三周……

独自训练、孤独、艰苦，没有老师，没有成功案例、没有相信。

一月，两月，三月……

质疑、不解、嘲笑，时间的投入、精力的付出、强忍的坚持。

半学期后，考试成绩全班第七。

一个学期后，九科总分全校第一！

高三入党时问及梦想，有人是当医生，有人是当外交官，而我，想创造具备超强大脑的新新人类。

也许是这个想法把我带到了命运中的城市——武汉，这座未来产生世界记忆大师最多的城市，被誉为世界记忆之都的城市，见证了全球最强大脑的诸多奇迹。

在华中科技大学求学期间，学习本专业能源学科的同时，我也持续研究超强大脑的训练方法。我在网上疯狂吸收各家所长，融会贯通自成一脉，并由此结识了后来被称为"记忆魔法师"的袁文魁，协助他创办武汉大学记忆协会并担任协会授课老师。

2008年，文魁老师邀请我一起备战世界脑力锦标赛，但我在恩施利川市参加大学生志愿服务西部计划，错过了中东巴林的比赛。

2010年，全球总决赛第一次设在中国，于是我决心参赛。由于研究生时期学

编外篇
说说我的故事

业重，训练时间少，中国赛差点出局。在得知刚好过线后，我于繁忙的科研工作中抽出了半个月时间闭关训练。正是闭关加上独有的时间倍增训练方法，短短一个星期，我的实力连翻几番，剩下一个星期让我达到了较为稳妥的参赛水平。由于时间紧，我的目标不在冲排名，而在稳过大师三项标准：一小时记1000位数字，一小时记10副扑克，2分钟内记一副扑克。

2010年的第十九届世界脑力锦标赛惊心动魄，奇迹连连。很多闭关训练了半年甚至一两年的选手折戟赛场，而我均以非常惊险的成绩——一小时记数字1000多位、一小时记扑克13副、1分50多秒记一副扑克——拿下当年的大师三项，获得了梦寐以求的"世界记忆大师"终身荣誉称号。而从1995年创赛到2010年，全球只有不到一百人拿到了这个世界公认的称号。队友们戏称我为中国最幸运的世界记忆大师。闭关两个多星期居然能压线通过，这不是运气是什么？其实，运气的背后是十多年的逐梦历程，只不过大家看到的只是闭关这两周，而没有看到十几年的沉淀。

2012年，我创办了华中科技大学记忆协会，在协会培养了几位世界记忆大师。

2013年，我开始在全国各地传播这些好用的记忆方法，培养了很多热爱训练大脑的大中小学生。很多学生借此提升了自己的学习效率，获得了自己的成长和进步。

2014年《最强大脑》节目开播，从第一季开始，节目组连续几年都向我发出节目录制邀请，但我都因为各种事情没有参加。上这档节目的很多选手是我之前的朋友、学生及家长。虽然自己没有参加这档节目，错失了很多成名的机会，但是看着在这档节目的推动下，人们逐渐接受了大脑训练的理念，有越来越多的学子加入到大脑训练中来，每年都有越来越多的记忆高手涌现，我也觉得很欣慰。功成不必在我。

我一直致力传播思维与记忆的方法，2015年之后，在全国各地做了很多公益讲座和系统教学，直接和间接培养了一批批世界记忆大师和优秀的记忆老师。他们也将传播科学高效的记忆方法作为终身事业，在全国各地培养着一批又一批优秀的老师和学生。

回顾我的经历，其实就是在不断地追逐梦想，不断自我突破，不断学习研究实践，不断证道求悟的过程。

回想自己无意间在武汉跟好友一起点燃记忆的火花，星星之火已然燎原，势不可挡，燃遍全球。十多年间，这批先行者已经培养了数代老师，将我们当初在小圈子里传授的方法传播到了世界各地，将一个小众的思维与记忆训练发扬光大到了大众都乐于接受并广为传播的程度。

终有一天，天下的所有学子都能系统掌握科学的思维与记忆方法，学习对于所有人都将是一件快乐高效而又富有成果的事情。

我辈之坚信，我辈之开拓，必将成为后辈之福分。未来之人类，必是拥有超强大脑的新新人类！

后　　记

终于写完了，一下子觉得整个人松了一口气，终于完成了一件自己说了很多年要完成的事。

首次写书水平有限，难免出现一些不如人意的地方，请大家指正。欢迎邮件联系作者：yuming2035@qq.com，或添加我的微信号：yuming2035。

感谢我的爱人袁茜老师，在怀孕期间支持我写书，感谢你给了我们小家一个聪明、可爱、帅气的小乖宝梁如乘——如虎添翼、乘风破浪。

感谢父亲梁新发从小给我满屋科学书籍，点燃我的科学梦想。感谢母亲韦田珍不辞辛劳全身心培养我和弟弟梁宇雪，督促我们攀登学业高峰。

感谢各位亲族长辈和兄弟姐妹们的成长陪伴，让我内心爱的力量化为将更多人培养趋向完善的力量，帮助更多人发掘自身无尽宝藏。

感谢为我传道授业解惑的各位老师。感谢莫翠英老师用魏书生老师的理念点燃我的记忆梦想。感谢于昭世老师教授数学之余给我绘画启蒙，奠定我的构图基础。感谢堡里小学和堡里初中的老师们助我突破极限，考入梦寐以求的桂林十八中。感谢十八中欧阳群壮老师教导自学技巧；感谢唐茂春老师和陈连清老师理化思维训练让我奥赛获奖并获武汉大学保送资格（最后决定高考）；感谢睢道祥老师指导我撰写快速阅读训练论文斩获广西壮族自治区一等奖；感谢陈伍香老师、周夏阳老师、翟萍鲜老师对我语文、英语思维的进一步深化。

感谢从本科到博士期间的各位老师，尤其是我的导师黄素逸教授和靳世平教授。黄素逸教授作为能源学科泰斗，兼具深厚的人文功力，指导科研的同时也指引我走上正确的人生道路，您永远活在我们心中。靳世平教授充满创新精神，也注重工程应用，不求表面文章但求实际应用，是少有的能将新科技转化为社会生产力的专家。在他们的指导下，我参与了国家"973"计划的项目研究，同时也具备了独立研究开辟新领域的能力。这种能力对我在大脑教育领域的深耕也产生很大助力，使我能将理论系统地转化为实际操作方法。

多年在大脑领域耕耘，感谢武汉大学记忆协会及华中高校记忆联盟的朋友们。感谢湖北首位世界级大师袁文魁老师，助我坚持梦想并拿到"世界记忆大师"终身荣誉称号。感谢刘大炜博士，在他的领导下，协会诞生了更多的世界记忆大师和《最强大脑》选手。感谢他创立了湖北省教师教育学会脑科学及学习科学专业委员会，为脑科学应用到教师教学、学生学习中奠定了工作基础。感谢华中科技大学记忆协会的伙伴们，火凤凰记忆精英战队的各位精英为记忆技术的发展贡献了无穷的智慧，促进了记忆技术的迭代升级。

一路前行，感谢曾经给予我指导的老师们。感谢张海洋老师、曾冠茗老师持续研究并分享新方法。感谢拥有二十多本著作的石伟华老师在写作的过程中给予我无比细致的指导并亲自操刀帮我修订文稿。

能将多年的心得出版，离不开出版社编辑郝珊珊老师的帮助。毕竟是首次出书，稿件中存在诸多问题需要反复修订。正是郝编辑耐心地从出版样章到后期的跟进、编辑，才使得这部作品得以呈现在众人面前。

感谢所有为我写推荐的师友们，有你们的认可和鼓励，让我前行充满动力！

需要感谢的人太多太多，感恩所有在我前行中曾经并肩作战的伙伴们，感恩所有在生命中能有交集的过客们，不管与你们的交集是快乐的还是痛苦的，人生在世几十年，遇见你们都是难得的缘分。感谢你们一同创造了我生命的酸甜苦辣，所有一切都将化为人生的精彩记忆！

2023 年 4 月 13 日